思想政治教育研究文库

—

大学生生态文明教育
理论与实践

吴　岚　董云吉　编著

光明日报出版社

图书在版编目（CIP）数据

大学生生态文明教育理论与实践 ／ 吴岚，董云吉编
著．－－北京：光明日报出版社，2021.9
ISBN 978 - 7 - 5194 - 6217 - 8

Ⅰ.①大… Ⅱ.①吴… ②董… Ⅲ.①大学生—生态
环境—环境教育—研究 Ⅳ.①X171.1

中国版本图书馆 CIP 数据核字（2021）第 158955 号

大学生生态文明教育理论与实践
DAXUESHENG SHENGTAI WENMING JIAOYU LILUN YU SHIJIAN

编　　著：吴　岚　董云吉

责任编辑：许　怡　　　　　　　　　责任校对：李　兵
封面设计：中联华文　　　　　　　　责任印制：曹　净

出版发行：光明日报出版社

地　　址：北京市西城区永安路 106 号，100050

电　　话：010 - 63169890（咨询），63131930（邮购）

传　　真：010 - 63131930

网　　址：http：// book. gmw. cn

E - mail：gmcbs@ gmw. cn

法律顾问：北京德恒律师事务所龚柳方律师

印　　刷：三河市华东印刷有限公司

装　　订：三河市华东印刷有限公司

本书如有破损、缺页、装订错误，请与本社联系调换，电话：010 - 63131930

开　　本：170mm×240mm

字　　数：138 千字　　　　　　　　印　　张：13

版　　次：2021 年 9 月第 1 版　　　　印　　次：2021 年 9 月第 1 次印刷

书　　号：ISBN 978 - 7 - 5194 - 6217 - 8

定　　价：89.00 元

编委会

主　编：吴　岚　董云吉
副主编：由春桥　许钟元　刘春雨

序

　　近代以来，人们曾轻率地把自然界的存在仅仅看作人类满足自身需要的一种手段。于是，气候变暖、空气和水资源污染、土地退化、森林资源缺失、物种多样性锐减等生态问题便日益凸显，人类的生存环境受到很大威胁。2020年，新型冠状病毒疾病的全球大流行更是给全人类敲响了警钟。

　　党的十七大报告提出建设生态文明的历史任务，党的十八大把建设生态文明纳入"五位一体"总体布局，党的十九大把"坚持人与自然和谐共生"纳入新时代坚持和发展中国特色社会主义的基本方略，指出"建设生态文明是中华民族永续发展的千年大计"，"为把我国建设成为富强民主文明和谐美丽的社会主义现代化强国而奋斗"，将生态文明建设提到空前的高度。建设生态文明，教育要先行。当前我国生态文明教育的普及开展还不够充分。"垃圾分类"制度近年来才开始实施，尚未普遍推行。高校中除环境专业之外，其他专业并没有普遍开设生态文明教育课程。加强生态文明教育，推进生态文明建设，我们任重道远。

大学生生态文明教育是大学生思想政治教育的重要组成部分，开展生态文明教育是促进大学生全面发展提升综合素质的重要手段。本书对大学生生态文明教育的背景、国内外生态文明教育思想的产生和发展、大学生生态文明教育的现状、大学生生态文明教育体系的构建等内容进行了研究。除文献研究之外，本书有调研数据，也有实践案例，理论与实践结合，从生态文明教育的角度探索了培养什么人、怎样培养人、为谁培养人等问题。这对于贯彻落实全国高校思想政治工作会议精神、党的十九大精神、构建高校全方位育人格局具有积极的意义。

编者

2020 年 11 月

目　录
CONTENTS

第一章　大学生生态文明教育的背景

第一节　大学生生态文明教育的背景

早在 19 世纪，马克思（Karl Heinrich Marx）和恩格斯（Friedrich Engels）就提出，不以伟大的自然规律为依据的人类计划，只会带来灾难。进入 20 世纪，伟大的预见得到了充分印证。20 世纪中叶前后国际社会出现的"世界八大公害事件"引起了人们对环境问题的关注。在《科技知识讲座文集》一书中，钱易院士列举了世界面临的十大生态环境问题：全球气候变暖、臭氧层破坏、生物多样性减少、酸雨蔓延、森林锐减、土地荒漠化、资源短缺、水污染严重、大气污染肆虐、固体废弃物成灾。2002 年联合国发布的《21 世纪议程》执行报告对世界环境状况表现出极大的忧虑。

一、国家层面生态文明教育的背景分析

党的十九大提出把我国建设成为富强、民主、文明、和谐、美丽的社会主义现代化强国，短短五个词语高度概括了中华民族的伟大目标，而五个词语中，三个与生态文明息息相关。社会主义核心价值观在国家层面包括"富强、民主、文明、和谐"。生态文明可以理解为"文明"的一种形态、一个阶段、一层境界，"和谐"显然包括人与社会、人与自然和谐共处之意，"美丽"则是对生态文明建设成果最直接的概括。

中国特色社会主义进入新时代，我国社会的主要矛盾已经转化为人民日益增长的美好生活需要和不平衡不充分的发展之间的矛盾。中国作为世界上最大的发展中国家，在经济全球化和政治多极化的大背景下，未来充满机遇和挑战。改革开放四十多年来，我国经济实力和科技实力飞速发展，取得了令世界瞩目的成就。这份卓越成绩的背后付出的代价却是自然环境遭到破坏，空气污染、臭氧层空洞、不可再生资源被消耗殆尽等问题层出不穷。我国目前正处于经济快速增长的发展过程中，面临着相当严峻的人口增长、资源短缺等问题。① 而且，我国污染排放强度高，每单位 GDP 产生的氮氧化物是日本的 27.7 倍，德国的 16.6 倍，美国的 6.1 倍，印度的 2.8 倍。可见，资源短缺和环境污染问题已经成为制约我国经济社会发展的突出问题。造成环境污染和生态破坏的原因是多方面的，其中根本

---

① 魏正孔. 资源与未来经济的可持续发展——甘肃资源与发展［J］. 甘肃农业，2006（2）：89.

问题是人们对环境保护缺乏认识。为实现人类可持续发展，保证中华民族长治久安，实现中华民族伟大复兴的中国梦，全民生态文明建设是我们国家发展的必经之路。贯彻生态文明建设必须以生态文明教育为途径，普及生态文明教育相关理论，使人民群众树立生态文明意识，培养人民群众形成生态文明素养，成为生态文明理念的坚定践行者。

我国虽然开展环境保护教育时间已久，但是收效甚微，究其原因是广大群众对于环境保护教育的重视程度有所欠缺。2014 年 4 月24 日，中华人民共和国第十二届全国人民代表大会常务委员会第八次会议修订通过《中华人民共和国环境保护法》，此次修订顺应时代要求，确保国家有关环境保护的规章制度能够有效执行，促进经济社会的可持续发展，保证生态文明建设的有效开展。走在城市道路上，我们随处可以看到保护生态环境的标语，但入眼却未必入心。由于生态文明教育的缺失，我国群众生态文明意识严重匮乏，难以真正养成生态文明行为。目前，国家在城市的文明建设上耗资巨大，在多处修建醒目的生态文明标语，旨在唤醒群众的生态文明意识。

当今全球化的生态危机让世界各地的学者纷纷重视起生态环境问题，这是每个居住在地球村的人的责任。马克思曾说："所谓的责任就是现实的人，基于自己特定的角色在社会实践中对自己、他人以及社会履行义务、承担后果及法律追溯和道德要求。"人类是自然界的组成部分，自然界又为人类生存提供原料。人类与自然界本就是无法分割的整体，我们每一个个体对自然都有无法推脱的责任。①

---

① 王淑芝. 基于主体间性理论视角的马克思的生态思想探析［D］. 南昌：南昌大学，2014.

人类大肆地索取自然资源无异于饮鸩止渴，暂时的飞速发展又为日后埋下了永久的祸根。经济贸易和科技实力的高速发展对人们的思想观念产生了巨大的影响，思想意识不坚定的人易受他人诱惑挑拨，产生享乐主义和拜金主义，影响个人的生态价值观和消费观。此种偏激和错误的生态价值观一旦形成，生态环境保护的责任感将荡然无存。我们不能只安于享受工业化和智能化为我们生活带来的便利，要时刻谨记我们身上生态文明建设的责任。生态文明建设是一段艰苦又漫长的征程，它不是依靠几个人的努力就可以轻易完成的，我们要拿出"红军不怕远征难，万水千山只等闲"的勇气与决心，共同面对人类的生态危机问题。全面促进资源节约，加强自然生态系统和环境保护力度，需要依靠健全的生态理论知识对环境进行科学合理的利用，实现人类可持续发展。目前大多数公民并没有经受过系统的生态文明教育理论知识，难以形成正确的生态文明观念。生态文明教育是国家进行生态文明建设的大厦根基，根基若不牢固，大厦外表再辉煌夺目终会在顷刻间土崩瓦解。

拥有一个良好的自然生态环境，是一切发展的前提，更是使人类文明得以延续下去的重要保障。如果生态系统遭到破坏而不能再生，那么随之日渐荒颓的将不仅仅是自然环境，还有与之相依存的人类文明。生态得不到保障，也就没有谈发展谈建设的必要了，可能连人类生存所需的最基本需求，包括食物、水源、空气、空间等都会是很大的问题。因此想要达成构建美丽中国，实现生态中国梦的前提是治理好环境的损伤，切实保护好环境，改善资源现状，打好稳步发展的坚实基础，为人类生存繁衍奠定好物质基础，保留出生存空间。

除此之外，正如十八大所提出的"五位一体"发展规划，搞好生态建设不能将这项工作同其他方面的建设割裂开来，为了实现建设美丽中国的目标，我们应将生态文明建设融入经济建设、政治建设、文化建设和社会建设中去，彼此相辅相成，成为一个有机的整体。搞好各项建设也可以为生态文明建设提供辅助：搞好经济建设，可以提供坚实的物质基础和发展动力；搞好政治建设，可以在发展方向以及发展模式方面为其保驾护航；搞好文化建设，可以充分发挥思想的渗透作用和影响范围，提供源源不断的精神支持；搞好社会建设，可以在基础建设、法律法规等方面提供支持。坚持开展生态文明建设是伟大中国梦的呼唤，坚持开展生态文明建设能够使未来的生活与自然环境有机统一，实现美丽中国"时代之美、社会之美、生活之美、百姓之美、环境之美"的内涵。①

二、社会层面生态文明教育的背景分析

在社会层面上，由于我国现阶段公民教育文化程度的差异，开展全民生态文明教育的挑战很大。据 2010 年第六次全国人口普查相关数据，我国具有大学文化程度人口约为一亿两千万人，具有初高中文化程度人口约为七亿人，具有小学文化程度人口约为三亿六千万人。② 相比于 2000 年第五次人口普查结果，我国具有小学文化程

---

① 文学禹，李建铁. 大学生生态文明教育［M］. 北京：中国林业出版社，2016.
② 中华人民共和国国家统计局. 2010 年第六次全国人口普查主要数据公报（第 1 号）［J］. 中国计划生育学杂志，2011，19（8）：511 -512.

度的人数有所下降，且文盲率由6.72%下降到4.08%。各种受教育程度人口数字和文盲率的变化反映了十年来我国普及九年制义务教育、大力发展高等教育以及扫除青壮年文盲等措施取得了积极成效。生态文明教育需要针对受众群体文化程度的不同而有所差异，还需考虑工作领域和环境的不同对公民思想先进性的间接影响。要充分调动公民对于生态文明建设的积极性，就需要国家建立相应的奖惩机制，把资源损耗、环境损害、生态效益纳入经济社会发展评价体系，建立健全体现生态文明要求的目标体系、考核方法和奖惩机制。例如，国家和各级政府对企业进行监督，杜绝违反环境保护法和可持续再生原则的企业；国家对促进生态文明建设的新型产业给予大量资金和政策上的扶持，鼓励产业链蓬勃发展；国家对屡教不改，以破坏生态环境为代价换取经济利益的企业进行大力度惩治，保证了社会平衡有序发展。①　以上种种举措都可以增强国内企业的环保意识，让全民意识到国家对于生态文明建设的决心与毅力。目前，由于缺乏具体的生态文明教育场所，生态文明教育与普通群众严重脱节。依靠广大群众自发进行生态文明教育，综合多项考虑因素，将会出现阶梯性效果，且开展难度较大，难以实现真正的全民生态文明教育。

三、公民层面生态文明教育的背景分析

自1982年3月13日起，计划生育成为中国一项基本国策，有效

---

① 朱阿丽，石学军. 关于资源城市绿色转型的研究 [J]. 山东理工大学学报（社会科学版），2016，32（5）：13 – 18.

地控制了中国的人口。现代中国家庭中独生子女占据主要比例，优越的生活条件和家长的宠爱可能会让孩子对父母产生过度的依赖感。在近些年产生了一个网络流行词叫作"巨婴"，即心理滞留在婴儿水平的成年人。在应试教育的影响下，上至家长，下至孩童都过分关注应试科目的成绩，花费大量的时间和精力在应试科目的学习上。在传统的家庭教育观念里，孩子的学习成绩高低代表了自身能力的高低，家长们因为孩子的成绩或忧或喜。可是这种传统的家庭教育观念已经不适合当代国家人才需求的标准，有独立思考能力和民族责任感的全面发展的人才才能满足当今社会的需求。例如，孩子在成年阶段思想意识已经基本形成，难以重新培养生态文明习惯，所以生态文明教育应从孩子开始，为孩子树立好的榜样，向其传递正确的生态文明观念。父母是孩子的第一任老师，对孩子的人生观、价值观养成会产生巨大的影响。父母要率先提高自身的生态文明意识，孩子耳濡目染就会自发地学习父母的生态文明行为。培养孩子的综合素质，父母有着不可推卸的责任。以家庭为基本单位开展生态文明教育对于生态文明建设起到较好的铺垫作用，减轻了未来生态文明建设的工作压力。

习近平总书记在党的十九大报告中指出：青年兴则国家兴，青年强则国家强。青年一代有理想、有本领、有担当，国家就有前途，民族就有希望。青年学生追求的思想高度决定了中华民族未来发展的高度，引领广大青年坚定信念影响着中国特色社会主义事业的进度。高校大学生接受了广泛的科学文化教育，在思想上有更高的先进性，是国家不可或缺的栋梁。习近平总书记反复强调，青年的价值取向决定了未来整个社会的价值取向，而大学生处在价值观形成和确立的时期，抓好这一时期的价值观养成十分重要。高校作为实施教育的主体，承担着大学生生态文明观的养成工作。为满足国家对于全面发展人才的迫切需求，高校要以促进学生政治觉悟、思想水平、道德品质、文化素养为育人目标，广泛开展大学生思想政治教育，联系当今国际国内发展大势，培养广大青年人的爱国情怀，引领广大青年人坚定不移地为中国特色社会主义建设添砖加瓦，为中华民族伟大复兴而不懈奋斗。在生态文明建设的浪潮中，青年学生应站在时代的前沿，接受生态文明教育，传播先进文化，从自身做起，为生态文明建设贡献力量。

　　现阶段，在大学生中开展生态文明教育，传播生态文明理念是国家发展的重要目标。面对人类生态危机，实现人类可持续发展，培养大学生树立正确的生态文明观念，掌握相应的生态文明知识是推进生态文明建设的必经之路。当代大学生生态文明观念尚未普遍形成，只依靠灌输生态文明理论知识难以让大学生形成生态道德意识，养成生态文明习惯和行为。生态文明教育在高校中大都停留在理论普及阶段，欠缺与理论相辅的实践活动，教育效果甚微，难以引起青年们的重视。部分大学生进入两个极端状态，一种由于高中的沉重学习压力在进入大学后产生厌学心理，开始放纵自己沉迷网络；一种为获得各项荣誉而奋发学习，"两耳不闻窗外事，一心只读圣贤书"。这两种都不是健康的大学教育状态。高校虽然广泛开展大学生生态文明教育，但是缺少健全的教育制度和教育系统来对学生的生态文明行为进行监督。没有规矩不成方圆，只有规章制度完善才能更好地约束和规范大学生的行为。当代大学生是未来生态文明建设的主力军，国家的发展和民族的希望都把握在青年人的手中。而令人遗憾的是，当前高校的生态文明教育也还只是停留在喊口号的阶段，并未达到预期效果。

高校作为开展大学生生态文明教育的主要阵地，对学生的生态文明行为养成有着巨大的影响。但是国内的高校中生态文明氛围并不浓厚。在校园内人群密集区域，如食堂、教学楼、宿舍楼等区域都张贴了许多生态文明警示标语，结果却形如虚设，破坏生态环境的行为在校园内还是比比皆是。在此种氛围下，学生的自我约束能力大大下降，为学生生态文明行为的养成制造了巨大的困难。各大高校过于关注学术工作，虽开展了生态文明教育，却忽略了生态文明教育氛围的重要性，使得大学生生态文明教育的开展工作进展缓慢。

尽管大学生们都接受过一定的生态理论知识教育，也有意识去保护生态环境，节约不可再生资源，但是却很难在生活中以身作则，将理论知识运用到生活中。面对排放未经处理的工厂废气的情况时，面对地面上随处可见的垃圾时，大多学生的选择是漠视。他们不是分不清何为有害，何为有益，但是却很少有人愿意付出行动，造成这种现状的原因值得我们深思。思维上的先进却无法拯救行为上的滞后，思想和行为的不统一是因为生态环境的破坏还没有真正危害到自身利益，不能激发大学生为保护生态环境奋起搏斗的行为。虽然大学生纷纷喊出保护环境，建设生态文明的口号，但对社会中有害于生态环境的行为仅仅只是在心理和语言上进行批判，并没有实际上的解决措施。生态文明行为能力的欠缺、事不关己的冷漠态度严重阻碍了生态文明建设的发展步伐。

第二节 大学生生态文明教育的内涵

一、关于生态文明

生态学起源于生物学，是一门研究生物与环境间相互关系的学科。在人类活动的干预下，生态系统的机制就会随之改变以适应人类对环境的影响。

文明是人类文化发展的成果，是人类改造世界的物质和精神成果的总和，是人类社会进步的标志。生态文明是相对于原始文明、农业文明、工业文明而言的一种新型的文明形态，是当代人为消除生态危机、改变环境、寻求可持续发展而寻找和选择的一条文明之路。关于生态文明的定义，我国的理论界早就展开了研究和讨论，目前，人们已达成了共识，即生态文明"是指人类遵循人、自然、社会和谐发展这一客观规律而取得的物质和精神成果的总和；是指以人与自然、人与人、人与社会和谐共生、良性循环、全面发展、持续繁荣为基本宗旨的文化伦理形态"。这个定义所包括的内涵比较丰富，揭示了生态文明的本质是人与自然的和谐，目标是实现可持续的发展。具体来讲，其含义应从以下几个角度来理解：一是物质生产层面，生态文明倡导人们在生产活动中尊重生态系统的规律，与生态系统协调来发展生产力，而并不是以保护生态为借口停止发展，因此发展循环经济是实现生态文明的突破口；二是机制制度层面，生态文明要求自然生态系统与社会生态系统协调发展，通过机制与制度的调整和重构，构建生态政治、发展绿色经济、发展绿色科技；三是思想观念层面，生态文明提倡生态文明价值观、伦理观、道德规范和行为准则，其目的是通过实现人的观念的转变为生态文明建设打下基础。

人类运用自身的智慧与力量成为生物圈中的主宰者，在原始文明和农业文明阶段以敬畏的态度与自然环境和谐共处。然而到了工业文明阶段，许多国家不惜以破坏环境为代价大肆发展重工业，对环境造成了不可逆的影响。这些弊端在发展初期没有对人类的生活构成影响，也就没有得到人类的充分重视。在今天，地质灾害频发、河流污染严重、空气质量下降、自然资源匮乏，环境正在以它的方式向人类敲响警钟。人类已经意识到长此以往，自身的长久生存将会受到威胁，开始探寻社会发展与自然环境之间的平衡。

生态文明是人类发展进程中的必然产物，它符合当今国际发展趋势，是世界人民所推崇的一种新的文明意识形态。在中国共产党第十七次全国代表大会上，我们党和国家正式提出生态文明观，表达出我国对于降低污染物排放、节约不可再生资源、保护生态环境的理念与决心。生态文明观主要阐述正确协调人、社会以及生态环境三者关系的系统方法，为生态文明建设的顺利开展奠定基础。党的十八大报告中提出建设"美丽中国"的生态文明目标，我们党和国家把生态文明建设放在突出地位，以"五位一体"为总体布局，为实现人类可持续发展不断努力。以习近平同志为核心的党中央不遗余力地推进国家生态文明建设，把节约资源和保护环境作为基本国策，将"绿水青山就是金山银山"的绿色发展理念融入伟大的实践中，我国生态文明建设进入了新时代。

二、关于生态文明教育

生态文明建设的前提是要广大人民群众形成一种生态文明思想意识，自发地履行生态保护的责任与使命。自从人类文明开始，教育就对文明起着推动作用，在生态文明的进程中，教育同样承担着倡导和传播生态文明的重任，发挥巨大的功能。通过教育促进人的科学观和价值观的转变，使人们不仅认识到环境问题的重要性，而且思考人类对环境的态度和自身的行为方式对环境的影响，知道自己该做什么、不该做什么，学会科学地运用技术和制定各项政策以更加明确人类发展的方向，使科技的应用符合可持续发展的要求。

生态文明教育以生态学知识为基础，引导受教育者在不忽视人的正常需要的前提下，重新理解自然的本性、人的需要、人与自然的关系，自觉养成爱护环境、保护生态的意识，并最终形成相应的文明行为习惯。生态文明教育是人类面对今天环境受到严重破坏，部分资源出现严重短缺的现状而产生批判性反思的产物，是针对当今工业文明发展对环境所造成的破坏而提出的一种理论体系，可以看作是一种新型的文明状态。生态文明教育是一种新型文明教育，体现为世界各地学者依据人类生态文明发展规律及环保条例对受教育者产生潜移默化的影响。受教育者在学习生态文明知识后能正确地处理人类发展与自然之间的平衡关系，并在实际生活中自发地形成尊重自然、敬畏自然、保护自然的行为。生态文明教育是我国生态文明建设顺利推进的思想意识保障，要消除生态环境危机、修复受损的生态环境，就需要通过生态文明教育纠正人们的思想观念和行为，培养公民的生态环保意识，建设生态文明。

生态文明教育吸收了环境教育、可持续发展教育的成果，把教育提升到改变整个文明方式的高度，提升到改变人们基本生活方式的高度。生态文明教育是针对全社会展开的向生态文明社会发展的教育活动，它以人与自然和谐为出发点，以科学发展观为指导思想，目标是培养全体公民生态文明意识，使受教育者能正确认识和处理人—自然—生产力之间的关系，形成健康的生产生活消费行为，同时培养一批具有综合决策能力、领导管理能力和掌握各种先进科学技术促进可持续发展的专业人才。生态文明教育是中国生态文明建设的一项战略任务，这个任务是长期的和艰巨的。因为生态文明教育是全民的教育、终身的教育，不仅全民生态文明意识的形成需要过程，而且健康的生产、生活及消费方式的形成同样需要过程。同时，生态文明教育又是一个系统工程，需要各方面的支持和配合。这就要求一方面政府需要站在战略的高度，系统地、周密地部署生态文明教育，运用已有的环境教育体系全面地开展生态文明教育；另一方面教育的主体应探索更多、更有效的教育手段，开辟更多、更广阔的教育途径，积极推动生态文明教育向前发展，使之成为中国生态文明建设一支强有力的力量。

人类为了协调人与自然的关系进而实现可持续发展，所以将生态学思想道德理论体系融入高校教育体系中，进行当代大学生的生态文明教育。大学生生态文明教育即把生态文明教育对象限定为在校大学生，它归根到底属于德育教育。在这里我们更侧重于从意识、责任、价值观等方面看待大学生生态文明教育，把它与大学生思想政治教育紧密地联系起来。大学生思想政治教育是高等教育的重要组成部分，担负着大学生思想道德素质培养的重任。生态文明教育则是素质教育的重要内容，它着重培养大学生良好的环境保护意识和行为，使受教育者积极地投身到生态文明建设的实践中去。

第三节　大学生生态文明教育的意义

一、大学生生态文明教育的理论意义

生态文明教育可以帮助我们在今天的严峻形势下探索出一条将生态文明建设与其他各方面建设有机融合，发展与治理两不误的道路，确保人类的生存和文明的延续。中国共产党第十八次全国代表大会首次将生态文明建设摆在突出位置，并且提出了生态文明建设的具体理念，即"尊重自然、顺应自然、保护自然"；同时提出了"五位一体"总布局、建设"美丽中国"和"实现中华民族永续发展"的目标。大学生群体是未来的建设者，拥有较高的思想道德水平和综合能力，这一群体的生态文明意识水平对我国经济政治文化的发展和华夏文明的延续具有极大的意义，而当前国内生态文明教育水平又欠佳，所以培养大学生的生态文明意识很有必要。

（一）大学生生态文明教育是时代的要求

生态文明的兴起蕴含着对教育变革的迫切需求。生态文明是工业文明发展到一定程度的必然趋势。文明的进化与发展离不开教育，生态文明使教育的观念和功能得到了丰富和深化，这是时代发展的结果。

现代社会已经走进了信息时代，信息时代的一个主要特点就是周围环境的不断变化和思想领域的不断更新，价值观多元、多变的趋势更加明显。当代大学生想要紧跟时代潮流，适应时代发展，就必须不断发展自己的能力，提升自己的思想境界。在生态问题日益突出的今天，加强生态文明教育，培养生态文明意识，养成生态文明行为，这是一种顺应时代发展的教育行为，可以帮助当代大学生面对日新月异的变化时树立一个正确的生态文明价值观，提高自身的审美水平，意识到自身肩负的重要使命，同时在未来的生活中时刻对自然保有一颗敬畏之心。拥有良好的生态文明意识的大学生，思想境界提高的同时，更促进了自身和全社会的全面发展。

（二）大学生生态文明教育是大学生思想政治教育的重要内容

思想政治教育的内容是依据一定的社会要求和针对受教育者的思想实际，由教育者有目的、有步骤地输送给受教育者的一切信息，它是思想政治教育的核心构成要素。习近平总书记在十九大报告中指出，生态文明建设功在当代、利在千秋。我们要牢固树立社会主义生态文明观，推动形成人与自然和谐发展的现代化建设新格局，为保护生态环境做出我们这代人的努力。我国大学生思想政治教育工作要始终坚持以习近平新时代中国特色社会主义思想为指导，学习、宣传习近平新时代中国特色社会主义思想并以此指导新实践是当前最重要的政治任务。

要推进大学生思想政治教育研究工作的深化、拓展、升华。这给高校思想政治教育前沿研究提出新的要求、新的课题。大学生生态文明教育重点是在意识、价值观、行为养成等方面下功夫，是培养一种观念、塑造一种精神、树立一种风尚，与世界观教育、人生观教育、价值观教育具有高度一致性。按照张耀灿先生对思想政治教育学科体系的划分，世界观教育、人生观教育、价值观教育属于思想政治教育应用理论学科马克思主义理论教育的范畴。将生态文明纳入社会主义核心价值体系，将生态文明教育融入高校思想政治教育工作，加强大学生生态文化的宣传培育，提高大学生的生态环境认知水平、环境风险辨识能力、环境实践参与能力和环境政策认同感，提升大学生生态文明意识和生态责任感，为大学生思想政治教育注入了新内涵，是新时代高校思想政治教育的新课题、新使命。

二、大学生生态文明教育的现实意义

（一）大学生生态文明教育是建设生态文明的基本要求

建设中国特色社会主义生态文明，很大程度上要依靠国民素质，国民素质的提高很大程度上依靠学校教育。高校作为高素质人才的培养基地，其根本任务是培养德智体美劳全面发展的中国特色社会主义建设者和接班人。生态文明建设是我国"五位一体"总体布局的重要内容，是国家战略。落实生态文明建设的相关要求，教育要先行。开展全民性的生态文明教育是落实生态文明建设要求的基础和前提。大学生作为国家的宝贵人才，是国家未来建设的主力军，对其开展生态文明教育，提高生态文明意识和素养，其意义不言而喻。

从现实情况看，开展全民普及性的生态文明教育势在必行。大学生作为思想比较先进、道德素质较高、掌握专业知识较好的群体，在践行生态文明理念方面理应站在时代前沿。建设生态文明不仅需要大学生作为生态文明观念的承载者，还需要大学生作为传播者、践行者，用自身的行动去带动全社会形成崇尚生态文明的氛围。生态文明建设最基本的前提是大学生生态文明素养的提高。

目前高校生态文明教育的开展情况并不能满足生态文明建设的要求，无论是在高校，还是在全社会开展生态文明教育，都需要经历长期的过程才能取得理想的效果。高校承担着人才培养、科学研究、社会服务、文化传承创新等重要职能，而上述职能与生态文明建设都是密不可分的。因此，在全社会都需普及开展生态文明教育的情况下，高校作为知识、思想、科技都处在时代前沿的为国家培养人才的重要基地，应充分重视对大学生开展生态文明教育，以此为我国生态文明建设做出贡献。

（二）大学生生态文明教育促进大学生全面发展的内在诉求

生态文明教育把育人的问题提到了一个全新的高度，对大学生提出了更高更多的要求，它要求大学生综合素质的全面发展和全面提高。

对大学生开展生态文明教育，目的就是要培养学生健康的生态意识和良好的生态行为，这就要求大学生对自己的观念和行为进行认真的反思和审视。这个过程也是大学生自身修养和文明程度不断提高的过程。生态文明要求人们把局部利益和整体利益、民族利益与全人类利益、当代人利益与后代人的利益统一起来，产生一系列的责任、义务及行为准则。这些都是社会主义、集体主义的原则，是大学生综合素质的重要内容，为当代大学生融入社会、适应社会提供了思想上的支持和引导。

生态文明教育虽然指向的是生态领域，但涉及的范围非常广泛，包括自然、经济，又包括政治、文化、社会；包括知识、技能的学习，又包括态度、意识的培养。从某种意义上看，生态文明教育也是一种系统教育。这样的系统教育，既扩大了大学生思想政治教育的内容和领域，也为大学生综合素质的提高提供了广阔的训练平台。生态文明教育实际上对大学生的全面发展提出了更高的要求。也就是说，全面发展的时代新人不仅要有处理人际关系的良好品格，还要有处理人与自然关系的优秀品质；不仅要有健康的生态意识，同时要有实施生态文明的能力和素质。因此，是否具有良好的生态文明素养，构成了当代大学生是否全面发展的衡量指标之一，是衡量大学生成才与否的重要标志，是衡量公民素质的重要基准。生态文明教育无疑有利于大学生综合素质的培养和提高。高校开展生态文明教育，提高大学生的生态文明素质，是大学生成长成才的需要，也是培养全面发展的时代新人的内在诉求。

（三）大学生生态文明教育有利于营造良好的社会风气

不断加强生态文明教育是社会文明程度的重要标志。生态文明教育是全民教育，关系到全民生态文明意识的形成。生态文明教育同时又是全程教育和终身教育，关系到一个国家、一个民族的长远发展。生态文明观念是人与自然道德关系的要求和体现，人类自觉承担起对自然环境的道德责任体现了人类道德进步的新境界。

作为新时代中国特色社会主义的建设主力军和未来的中坚力量，作为生态文明的传播者和践行者，大学生的生态文明素养事关我国的生态文明战略大计。高等教育是一个价值引导、培养大学生良好道德价值观念和道德行为的过程。因高校在社会结构中的特殊地位，大学生生态文明素养将直接影响整个社会生态文明的发展方向。大学生通过其自身良好的生态文明素养影响和带动周围的民众，并积极投身于生态文明建设，进而改变社会的生态环境，提高整个社会的生态文明水平。因此，大学生生态文明教育对良好社会风气的营造，乃至整个社会精神状态向更加文明的方向发展具有不可忽视的作用。

（四）大学生生态文明教育有利于增强高校科研实力

科学技术是第一生产力。解决生态环境问题离不开科学技术。科技是先进生产力的集中体现与主要标志，充分发挥科学技术的基础性、先导性作用，是调整人与自然关系，实现人与自然和谐发展的关键。关注科技，依靠科技来处理人与自然的关系，是推进我国生态文明建设的必由之路。科技的不断进步正在使人类对自然的认识不断加深，对自然的改造不断深化，能利用的资源和能源不断增多。尤其是清洁能源的开发，为我国的生态文明建设做出了巨大贡献。高校传承和创新自然科学知识成果的重要文化使命，在生态文明建设中发挥着至关重要的推动作用。

生态文明教育和实践对高校科研与创新也有着极大的推动作用。作为知识殿堂和科技高地，高校需对制约人类发展的难题有所作为，对重大的生态问题协同攻关，积极推广生态文明建设成果，强化科研环保以及生态治理方面的科研合作，并根据社会需求设定相关专业或学科研究方向，利用高校的科研成果服务于社会，发挥尖端科研成果对生态文明建设的重要支撑作用。注重生态文明教育与其他学科相互联系、交叉、交融，扩展大学生对生态文明建设理解的广度和深度；在学科融合的过程中，不断发挥各学科的优势。环境问题的解决不仅需要自然科学理论，同时需要社会科学理论，应将两者有机地结合起来。生态文明建设作为可持续发展战略的重要组成部分，要求的是理工交融、文理相同、知伦理、懂经济、会管理的复合型创新型人才。高校在对硕士生、博士生的培养过程中，也应积极选择目前困扰人类社会发展的亟待解决的问题进行攻关，为生态文明建设培养出优秀的高端人才。在着力培养硕士生、博士生的同时，高校也应注重本科生创造性的培养，构建创新创业人才培养的体制机制，实现高校人才培养水平的提升，同时促进高校科研实力的增强。

党的十九大报告指出：建设生态文明是中华民族永续发展的千年大计，必须树立和践行"绿水青山就是金山银山"的理念，坚持节约资源和保护环境的基本国策，像对待生命一样对待生态环境，统筹山水林田湖草系统治理，实行最严格的生态环境保护制度，形成绿色发展方式和生活方式，坚定走生产发展、生活富裕、生态良好的文明发展道路，建设美丽中国，为人民创造良好的生产生活环境，为全球生态安全做出贡献。国际社会上竞争从不间断，如今生态治理已经成为衡量一个国家综合实力的重要标准，中国要想在未来的国际竞争中占据主导地位，必须提升公民的整体生态环保意识。作为突破口，我们首先提升大学生的生态文明意识，引导他们去践行生态文明观，通过示范效应最终普遍提升全人类的生态意识。这样才能不受制于其他强权国家的干涉，稳步前进，在一个良好的生态条件下稳步发展，实现"五位一体"，建设"美丽中国"，稳步实现中华民族伟大复兴。

第二章　国内外生态文明教育思想的产生和发展及主要代表观点

生态文明是生态哲学、生态经济学、生态伦理学、生态现代化理论等生态思想的升华与发展，是人类文化和社会发展的重要成果。为更好促进生态文明的发展和普及，更好将生态文明的成果惠及全社会，大力加强生态文明教育势在必行。大学生生态文明教育是公民生态文明教育的一部分，目前国内外关于大学生生态文明教育的研究还没有重要研究成果产生，就现有研究成果来说，基本都是从公民生态文明教育的视角出发进行的研究；从研究内容来说，基本是在研究广度和深度上不断发展和深入；在研究方法上，大多将调查研究和理论研究相结合。本章通过梳理国内外生态文明教育思想的产生和发展，以及通过归纳国内外生态文明教育的代表思想，努力为当前加强生态文明教育提供可借鉴之处。

第一节　国外生态文明教育思想的产生和
发展及主要代表观点

随着生态文明的不断发展，其对人们生活产生越来越重要的影响，国外对生态文明教育十分重视。国外生态文明教育思想的产生和发展有一定的过程，本节将对国外生态文明教育思想的产生和发展进行梳理，并阐述主要代表观点。

一、国外生态文明教育思想的产生和发展

国外学术界并没有明确提出生态文明教育这一概念，但日益严重的环境污染催生环境保护意识，环境保护活动促进了环境教育和可持续发展教育的产生和发展。国外生态文明教育思想的产生和发展主要经历了三个阶段，总体来说，从环境教育到可持续发展教育经历了起始、发展和成熟三个时期。

（一）概念的提出及实践的探索（1948—1962）

这是生态文明教育的起步阶段。第二次工业革命之后，伴随着经济发展而出现的副产品是环境污染，全球在快速发展经济的同时，付出了惨痛的代价。一些有识之士出于对环境污染可能进一步恶化的预见，以及对人类生存状况的忧虑，深刻认识到进行环境保护、唤醒人们环保意识的重要性。有的学者认为，开展普及性的民众环保教育是促使人们有效开展环境保护的第一环节，正是在这一历史

大背景下，环境教育（最初的生态文明教育）开始出现。率先提出"环境教育"概念的是托马斯·普瑞查（Thomas Prichard）。1948 年，在法国巴黎召开了国际自然和自然资源保护协会会议，在这次会议上，普瑞查首次使用了"环境教育"一词，自此，"环境教育"逐渐被人们所接受，并逐渐受到了重视，这次会议也因此成为生态文明教育诞生的标志性会议。此次会议也促成了此后一系列环保教育机构的建立和环保活动的开展。国际自然与自然保护联合会以及国际环境教育委员会的成立是该会议取得的第一个积极成果，这两个组织机构成立的直接推动力来自联合国教科文组织，此后这两个组织机构在环境教育方面做出了突出贡献。

1949 年，"资源保护和利用科学会议"在联合国召开，随后，根据该次会议精神，由联合国教科文组织建立了一个自然保护国际联合基金会，该基金会获得了联合国的资金支持，国际自然与自然保护联合会和国际环境教育委员会的成立表明，国际性的组织开始承担起了"环境教育"的重任，环境教育也由概念阶段正式步入了实践阶段。英国自然保护局的建立是巴黎会议的第二个积极成果。1949 年，英国政府提倡"一种建立在生态学基础上的行动哲学"，为使这一哲学得到真正的落实，英国政府成立了自然保护局，专门负责将环境保护付诸行动。1958 年，英国自然协会成立，该协会旨在提高人们的节约意识，号召人们尊重自然，节约资源，合理利用资源，以避免造成自然资源的过度消耗和全球环境的严重污染。1960 年，英国国家乡村环境学习协会也正式成立，该协会后来发展为国家环境教育协会。

1960 年，苏联颁布了《自然保护法》，这也可以称为巴黎会议的第三个积极成果。该保护法明确规定，必须在中等学校开展环境保护教育，要求把自然保护和资源再生列为学校教育的必修课，通过法律文件的形式将环境教育规定为学校教育的一项重要内容，该项规定在教育史上具有开创性的意义。

（二）思想的阐发及实践的普及（1962—1987）

20 世纪 60 年代的生态文明教育出现了两种倾向：一是对环境保护的讨论不再局限于从概念上呼吁该问题应当受到重视，而是从更深的理论层次探讨和研究环保问题，因此，人们对环保问题的认识也更加深刻了；二是环保实践由少数国家向更多的国家扩散，逐渐演变为全球性的行动纲领，环保逐渐成为一种国际性的实践活动。这两种发展倾向是通过诸多的"第一"表现出来的。例如，第一部环境问题的理论著作问世，1962 年，美国海洋生物学家雷切尔·卡逊（Rachel Carson）的《寂静的春天》一书出版，该书指出，人类活动对外部环境的影响是产生环境问题的根本，尤其随着工业化的不断推进，人类的生存环境越来越恶劣，如果任由环境问题发展下去，人类的生存必将受到极大威胁，发展也就无从谈起了。这部著作引发了人们对自身行为的反思，让世人受到了很好的环保教育，对全球领域推动环境保护运动起到了极大的作用。此外，第一个非政府性质的环保组织——"罗马俱乐部"的成立，也是其中一个"第一"。1968 年，来自美国、英国、法国、意大利等国家的 30 多位科学家和教育学家汇聚在意大利的首都罗马，他们成立了一个国际性协会，名为"罗马俱乐部"。罗马俱乐部成立不久，便发表了

《增长的极限》等系列报告。这些报告基本都以改善人类环境为基本思想，认为人类谋求发展的行为导致了资源日渐枯竭和环境的不断恶化，其后果是相当严重的，倡导应当改变这样的行为。罗马俱乐部的成立又一次促进了世界环保运动的发展，并为非政府组织积极参与环保活动做出了表率。第一部环境教育法的出台也是具有代表性的"第一"。1969年，时任美国总统的尼克松向国会提交了一份议案，要求将人与自然和谐相处的思想转化为实际行动。在尼克松的提议下，美国成立了环境质量委员会，该委员会一经成立便大力推行全国性的环境保护政策，为确保环境保护政策的有效实施，美国国会便通过了世界上第一部《环境保护法》。这部法律的内容涉及环境教育、技术支持等六大方面，核心思想是为环境教育提供切实可行的支持。

随着环境教育实践的开展，环境教育体系也逐渐开始形成，国际上也开始思考对环境教育内涵的界定。1968年，联合国教科文组织在巴黎召开了"生物圈会议"，会议强调，应该进行区域性的调查，将生物学内容编入教育课程体系中，同时在高校的环境保护教育中培养专门人才，推动设立国家研究和培训中心以及中小学环境学习的建设等。这标志着国际环境教育体系已经初步形成。1970年，在美国内华达州召开了国际环境教育会议，会议主题是讨论在学校课程中设置环境教育的内容。为更好地实施学校环境教育，该会议还第一次界定了环境教育的定义。这个定义的核心要点是：环境教育是一个过程，通过这个过程来教育人们认识价值、澄清概念，从而使人们形成一定的态度，培养人们具有一定的技能，并能够提出相应的解决问题的对策，并且形成对自身行为的约束能力。这是有史以来对环境教育做出的第一次界定，对国际环境教育的开展起到了一定的积极作用。20 世纪 70 年代以后，一系列关于环境教育的会议或活动陆续开展，真正表明了环境教育已经成为一种国际性的教育活动。1972 年，在瑞典首都斯德哥尔摩召开了联合国人类环境会议，该会议的召开具有里程碑意义，会议的一个直接成果是提出了"只有一个地球"的口号，并通过了《人类环境宣言》。第二个具有重大意义的事件是：1972 年在纪念联合国人类环境会议上，将每年 6 月 5 日确定为国际环境日，由此，保护和改善人类环境成为一种常规的重要性的提醒。1975 年在德国的贝尔格莱德召开的国际环境教育研讨会，以及 1977 年在苏联格鲁吉亚共和国的第比利斯召开的首届政府间环境教育大会，使环境教育全面国际化，也把国际环境教育向前推进了一大步。1980 年，一份在由联合国环境规划署和世界自然基金、国际自然与自然资源保护同盟共同出版的《世界自然保护大纲》中，人们对可持续发展的重视初露端倪，大纲强调了以可持续发展的方式保护资源的重要性，探讨了环境保护与经济发展的密切关系。

（三）新思想的引领及实践的深化（1987 年至今）

这一时期，"可持续"成为生态文明教育发展的关键词，可持续发展思想的产生，标志着生态文明教育思想研究进入一个新的历史进程当中。

《布伦特兰报告》的提出，成为可持续发展真正的国际宣言。1983 年，第 38 届联合国大会成立了世界环境与发展委员会，该委员会由挪威前首相布伦特兰（Gro Harlem Brundtland）夫人组织世界范围的专家们撰写题为《我们共同的未来》的报告，该报告专家们历时近四年之久才完成，在世界范围产生了较大影响，该报告也被称为《布伦特兰报告》。《布伦特兰报告》首次对"可持续发展"下了定义，即可持续发展就是既满足当代人的需要，又不损害后代人需要的发展。这个定义得到了世界范围内的广泛认同。1988 年，联合国教科文组织提出了"为了可持续发展的教育"这一概念，由此，环境教育开始进入可持续发展教育阶段。从 1983 年至 1992 年，在这近十年的时间里，可持续发展教育思想不断得到推进和发展，英国、美国、澳大利亚和西班牙等国家都进行了可持续发展教育理论与实践的探索。

20 世纪 90 年代初，世界各国的大学基本上普及了环境教育，国际上还提出了绿色大学的概念，要求绿色理念不仅在大学课堂中要有所体现，而且还应当在学校管理上得到贯彻落实。1992 年是可持续发展教育的关键年。1992 年 6 月，联合国环境和发展大会在巴西的里约热内卢召开，会议出台了《21 世纪议程》等一系列重要文件，提出了"地球要拯救，人类要生存，环境与发展必须协调"的口号。此后，《21 世纪议程》成为各国自觉实施可持续发展的重要参照，其中所提出的口号也被全世界各个国家所普遍接受。从 1992 年至今，可持续发展理念逐渐被重视、普及、推广和落实。1994 年，联合国教科文组织的"环境、人口和教育计划"开始启动，欧洲环境教育基金会的"生态学校"计划也蓬勃开展，国际上推动可持续发展教育的会议、活动也在不断召开和举办，所有这些都有效地促进了可持续发展教育的深入开展，可持续发展教育也在环境保护中发挥了重要作用。

综上所述，国外虽然没有明确提出"大学生生态文明教育""生态文明教育"这样的概念，但他们在消费方式、环境伦理等问题的研究中自觉或不自觉地渗透了一些生态文明教育的思想观念。在环境教育方面，英国、美国、日本、法国、加拿大、新加坡、澳大利亚等国家十分重视学校生态文明教育，特别是对高校生态文明教育的重视，从专业设置、课程教学、学生管理、校园活动、宣传教育等方面大力提高大学生的生态文明意识，使大学生形成良好的生态文明认知和行为习惯。在理论研究方面，提出了一系列生态文明教育模式，创立并发展了生态教育学。

二、国外生态文明教育的主要代表思想

加强生态文明教育是人类对现代化和经济全球化发展结果的反思。英国的工业革命是现代工业生产方式的起点，并由此带来了全球性的变革。国外一些理论家和思想家开始反思现代化，形成了具有代表性的生态思想，主要有人类中心主义、生态中心主义和西方生态马克思主义。

（一）人类中心主义

西方从文艺复兴开始的思想和行动逻辑就是突破自然环境和宗教的束缚，努力催生现代化，有关生态环境的人类中心主义也是在那个主张自由和理性的时代孕育出来的。

人类、利益、理性是人类中心主义的三大特征。该理论的主体

是人类，该理论的目标就是利益，而指导该目标实现的则是理性。人类中心主义从人类切身利益的角度来关心自然环境，但它关注的是不断恶化的环境会阻碍其利益的进一步实现。因此，人类中心主义不是像个别理论家说的那样将环境视为无物，认为人类中心主义不负环境责任，当然，这只是极端人类中心主义者才持有的观点。对于大多数的人类中心主义者来说，美好的自然环境是必要的，人类控制环境污染、拯救濒危物种、保护自然界、维护生态平衡是必需的。只不过该思想的出发点和落脚点在于人类的利益。并且人类中心主义一直坚信人类是造物主，这是对宗教信仰的具体化。他们相信，理性的人类正是从万能的上帝发展而来，既然上帝造就了人类和自然界的一切，他们便理所应当地认为，人类作为与造就自己的上帝最为接近的物种，自然就应当成为世间的统治者。在自然界中，人类承担起保护其他物种、延续自身的任务。因此，人类要完满完成这一任务，就需要理性，通过客体将自己的价值尽可能地最大化，达到对自己负责的目的。在此指导下，国外生态学界逐渐形成了人类中心主义的各种主张和观点。

（二）生态中心主义

美国科罗拉多州立大学的霍尔姆斯·罗尔斯顿（Holmes Rolston）、美国威斯康星大学的学者奥尔多·利奥波德（Aldo Leopold）和挪威哲学家阿伦·奈斯（Arne Naess）是生态中心主义的代表人物。经过一个多世纪的发展，在人类中心主义指导下的环境，不但没有改善，而且日益恶化，其弊端就是以自身的利益为目的，以自私的理性为手段。20世纪初爆发的各种环境污染和公害事件，刺激着人们新的环境保护意识的觉醒，人类中心主义者已经开始从神坛跌落。生态中心主义因为更好地满足了人们的环境生存需要，取代人类中心主义成为西方环境思想的主流。生态中心主义者针对人类中心主义者在保护环境上所采取的方式方法的弊端，形成了自己的理论，主要有以下几个方面观点：一是在批判性的基础上降低了人类的地位，提高了自然的能力；二是现代伦理学认为，大自然是一切生命的源泉，大自然中的一切都是有价值的，大自然是万物的真正创造者，大自然中的所有创造物，就它们是自然创造性的实现而言，都是有价值的。因此，从现代伦理学去理解自然，人类之外的自然万物也应当具有被尊重的权利和维护自身的权利。20世纪，随着系统哲学理论的发展，人类已经不再视自己为地球的中心了，提出了存在于地球上的每一分子都有权力和责任来维护地球这个大家庭。生态中心主义主张，要对以往以人类为中心建立起来的社会经济系统，进行必要的改革。

（三）生态社会主义

生态社会主义（又称西方生态马克思主义）的主要代表人物包括：安德烈·高兹（Andre Gorz）、詹姆斯·奥康纳（James O'Connor）、本·阿格尔（Ben Agger）、约翰·贝拉米·福斯特（John Bellamy Foster）、戴维·佩珀（David Pepper）等。有学者认为，生态社会主义是20世纪70年代以来，在西方发达资本主义国家兴起的绿色运动或生态运动中的一个具有社会主义倾向的派别或思潮。

20世纪中后期，西方的环境问题已经不受生态中心主义的控制。

各种民间团体和民间组织纷纷涌现，它们致力于寻求新的解决办法来改善环境。一些西方左派的思想家提出了把解决生态问题的出路寄托于社会主义的想法，他们运用马克思主义的观点和方法去分析产生于发达资本主义国家的生态问题。例如，学者约翰·贝拉米·福斯特通过揭示资本的自我扩张本性分析了技术、人和自然都是其扩张的手段，以及提出的新陈代谢思想，考察了生产、分配、交换、消费领域的物质变换及其断裂；显示在资本主义制度下生态危机与生存危机的双重存在性，其根源在于资本主义私有制的不断积累，而要解决生态危机不能只靠市场和技术的修正，需要对资本主义制度予以变革，于是，掀起了一场通过生态革命以达到生态社会主义的思潮。安德烈·高兹提出，要通过劳动分工来批判资本增值的本性以及技术统治。本·阿格尔认为，以异化消费为起点，当前生态系统本身的有限性与资本主义条件下生产追求的无限性的矛盾是环境问题的核心，是资本主义社会的经济危机转变为了生态危机。詹姆斯·奥康纳在《自然的理由——生态学马克思主义研究》一书中，彰显了他用自然的眼光对资本主义社会进行的全方位分析，他认为资本主义社会不仅存在私人占有与社会化生产的矛盾所引发的周期性经济危机，更存在需要无限与资源有限的生态危机。前一种危机看似比后一种更加致命，它存在不可逆转性和不可预知性且其影响具有隐藏性。这就是有名的"双重危机"理论。戴维·佩珀从马克思主义的最终理论导向，即变革现实的社会制度出发，认为各个国家间的制度不平等是造成当前生态问题的深层次原因，以及制度所体现的物质和精神需求不一。发达的资本主义国家，将生态问题产业及可能产生生态问题的产业转移到了其他不发达社会制度的国家，以解决自身的环境问题。但是，这种简单空间转移的方法，并没有从根本上真正解决环境问题，由于不发达社会制度的国家经济、技术、能力有限，反而使环境问题更加严重，这种方式不仅损害了不发达国家人民的健康，更重要的是这些国家没有充分认识到环境问题其实是没有国界的全球性问题。他认为，由于生态问题影响范围的全球性扩张，国家间需要在对等的基础上实现相互合作，而合作的关键就是要变革社会制度。当代俄罗斯著名左翼思想家亚历山大·弗拉基米罗维奇·布兹加林用马克思主义立场、观点和方法论来研究分析当代人类社会所面临的生态问题，批判了全球资本霸权。他认为，全球资本控制着人的品质、天赋和能力，无论是工作还是休息时间，它都支配着我们的生活，把人变成了超级市场、美国有线电视新闻网、好莱坞大片和电脑游戏的提线木偶。人们已经不再满足于拥有十几件衣服，而想拥有上百件的时装；已经不满足于一辆汽车，而想要两辆、三辆汽车，从而无休无止，变得贪得无厌。资本和消费社会创造了一个非理性生产模式，以满足人们人为形成的需求。他认为应该从根本上改变经济结构，把无用的生产减少到三分之一，这将解决许多社会和环境问题。如果人类腾出大部分无用的被消耗的资源，可用于地球上绝大多数人生活质量的改善和劳动内容的改变。布兹加林认为，只有相应地形成社会主义发展目标，取代财团操纵和市场原教旨主义，从而形成新的、以人的进步为宗旨的生产和消费，才是出路。

第二节　国内生态文明教育思想的产生
和发展及主要代表观点

　　党的十八届三中全会提出从源头、损害赔偿、责任追究、环境治理和生态修复五个方面建立生态文明制度体系，用制度保护生态环境，这是国家层面的生态理念和设计。这体现了现代生态文明教育的系统性和科学性，更体现了中国特色社会主义制度的优越性。毋庸置疑，事物的发展并非一蹴而就，都有产生和发展的过程，生态文明教育的产生和发展也是如此，国内生态文明教育思想的产生和发展也是有一个过程的。

一、国内生态文明教育思想的产生和发展

　　国内生态文明教育思想的产生和发展经历了从传统生态文明教育思想到现代生态文明教育思想的发展全过程，大学生生态文明教育是公民生态文明教育的一部分，而国内的公民生态文明教育是在环境教育和可持续发展教育的基础上产生与发展起来的。故此，要了解大学生生态文明教育就必须先了解国内的环境教育状况，以及要全面了解传统生态文明教育的思想。

　　（一）传统生态文明教育思想及其启示

　　中华民族是一个具有灿烂文化和悠久历史的民族，在五千年中华文明史中，有着丰厚的传统生态文化积淀。这不仅体现为中国历

朝历代法政典章都有关于生态保护的相关律令，而且也体现在以儒家文化为中心的中华文明体系中丰富的生态伦理思想。我们要积极吸取传统生态文明教育思想中的精华部分，同时在借鉴优秀传统生态文明教育思想的过程中能够积极创新，这对当前的理论研究和实践探索都有着非常重要的指导意义。

1. 传统生态文明教育思想

（1）传统典章制度中的生态文明思想

中国古代并没有生态概念的界分，有的只是人们生态意识，这种生态意识体现在中国古时历朝历代典章制度对自然生态的关注和相关律令对生态问题的规定中，如周文王时期曾颁布《伐崇令》，它被誉为"世界最早的环境保护法令"。《伐崇令》规定："毋坏屋，毋填井，毋伐树木，毋动六畜，有不如令者，死无赦。"《秦律·田律》规定："春二月，毋敢伐材木山林及雍（壅）堤水。不夏月，毋敢夜草为灰。""百姓犬入禁苑中而不追兽及捕兽者，勿敢杀；其追兽及捕兽者，杀之。"《管子·地数》记载齐国用法律约束人们，任何人不得随便开采矿藏："苟山之见荣者，谨封而为禁，有动封山者，罪死而不赦。有犯令者，左足入，左足断，右足入，右足断。"《管子·禁藏》曰："顺天之时，约地之宜，忠人之和，故风雨时，五谷实，草木美多，六畜蕃息"，概括了天时、地利、人和协调统一是五谷丰登、六畜兴旺的基础。《逸周书·大聚解》中说："禹之禁，春三月，山林不登斧斤，以成草木之长；夏三月，川泽不入网罟，以成鱼鳖之长。"秦商鞅之法则严禁把灰尘废物随意抛弃在街上造成污染，规定"刑弃灰于道路"。汉代汉武帝亲自诏令天下"禁无伐其草木",并关注对水资源的保护,提出"为民作均水约束",以使"用之有次第"。唐朝《唐律·杂律》载:"诸部内,有旱、涝、霜、雹、虫、蝗为害之处,主司应言而不言,及妄言者,杖七十。""诸部内田畴荒芜者,以十分论,一分笞三十,一分加一等,罪止徒一年。户主犯者,亦计所在荒、芜,五分论,一分笞三十,一分加一等。""诸不修堤防,及修而失时者,主司杖七十。毁害人家,漂失财物者,坐赃论,减五等。""诸失火,及非时烧田野者笞五十。""其穿垣出秽者杖六十。""诸弃毁官私器物及毁伐树木、庄稼者,准盗论。"唐代《唐大诏令集》明确规定:"春夏之交,稼穑方茂,……时属阳和,令禁卵,诉以保滋怀生,下遂物性,……有敢违令者,捕系以闻。"明清则将"体天地之心,顺万物之宜"作为重要的执政目标之一,提出"试观春生夏长,秋收冬藏,而飞潜动植之伦,各形其形而色其色,孰非天地之心哉;惟其以万物为心,是以万物如是化生。天地感而万物化生",等等。

（2）儒家生态文明思想

儒家孕育着传统生态文明的精华,是中国传统文化的源头。自然界先于人类社会而存在这是不可否认的,因此,人类自产生以来即与自然界有着必然的联系。中国传统思想的精粹是"天人合一",同时它也是中国传统自然观的重心所在。关于"天人合一"思想,早在《周易》中古人就对其做出了解释。《周易》所讲的三才之道具体指天、地、人三才,是把三者有机统一起来的整体的世界观。"天人合一"强调人们的一切行为都要以承认自然规律、按自然规律办事为前提,即"与天地合其德"才能获得成功。《周易·乾·彖传》言"云行雨施，品物流形"，"云行雨施"，雨水要滋润万物，"品物流形"，万物在雨水的滋润下会慢慢地不断生长，呈现出一派欣欣向荣的景象。《周易·文言》里边有这样的论述，它说，"夫大人者，与天地合其德，与日月合其明，与四时合其序，与鬼神合其凶"，这基本上呈现的是人与自然高度和谐的一个状态。受《周易》影响颇深的儒家思想中"天人合一"自然观占有重要地位。儒家虽然关心人胜过关心其他，但在"天人合一"这一理念的影响下也把人看作自然大家庭中的一个成员。天、地、人三者的和谐在处理有关天、地、人三者关系的事情中被视为前提。孔子曾把对待动物的态度上升为一种道德水准，孟子更是强调要爱护自然万物，主张天人相通，人性即是天性。后世朱熹认为宇宙自然与人伦礼义不但没有区别，而且互相渗透，融合一体，因此他把"天道"的生长遂成即元、亨、利、贞与"人道"的仁、礼、义、智直接统一起来；主张通过人来主动促进天、地、人三才并进，体现了一种积极向上的道德实践精神，表达了既要改造和利用自然，又要保护自然的鲜明态度。孔子也在《礼记·中庸》中指出，"万物同时生长而不相妨害；日月运行四时更替而不相违背"。孔子认为，人和宇宙万物之间存在着不可分割的联系。另外，孔子也大力倡导勤俭节约的生活理念，主张节约资源，即"奢则不逊，俭则固；与其不逊也，宁固"，这句话的意思是说奢则张扬不逊，俭则固陋拘束，与其骄奢张扬，宁可固陋拘束。孔子提倡勤俭节约，反对在生产生活中对资源的浪费，对后世具有重要的借鉴意义。

儒家文化是中国传统文化的主流，它以"三代文化"总成之面貌登上历史舞台，经百家争鸣洗练而成显学，历汉武独尊而垂行两千余年，因此在中华思想文化大系统中，儒家思想学说代表着中华文化传统的基本走向。同样，在中国传统生态文化中，儒家生态文化思想最具代表性和影响力。我国知名学者、儒学专家刘蔚华先生说："儒学作为一种亚细亚思想方式，代表着中华文化传统走向了世界，其影响超越了国界，在东亚形成了覆盖十数亿人口的'儒家文化圈'。"而就儒家文化的本质，刘先生曾经深刻分析："儒家文化是一种以伦理性为特色的文化。各个民族在其生存发展中，都承受着两种压力，一种是来自外部的自然界的压力，一种是来自内部的社会阻抗的压力。"作为儒家的生态思想，某种意义上正是围绕着伦理德行这一核心展延其生态智慧和构筑其价值体系的，其主张"天人合一"，从天人的整体观出发，将天道与人道相贯通，解释宇宙万物与人类社会的和谐一致性，肯定自然与人的统一，提出自然生态秩序与人类社会秩序的圆融无碍，所谓"天地变化，圣人教之"，"与天地相似，故不违"，"知周乎万物，而道济天下，故不过"，强调人类社会中的道德与自然生态道德的相互兼顾和自相协调。与此同时，儒家以积极的入世态度用人道来颐养天道，把万物的自然生长与天地生命的过程与仁义礼智联系在一起，提出"亲亲而仁民，仁民而爱物"。物者，谓之禽兽草木；爱者，谓之取之有时、用之有节。可以看出，这里由亲亲扩及人类，由人类延及禽兽，由禽兽展延至草木，是在充分肯定天地万物的内在价值和规律的基础上，阐扬人类以仁爱之心对待自然万物，使道德对象的范围不断扩大，在讲究天道人伦化和人伦天道化的圆融中，将社会、家庭的伦理原则扩展到了自然界，体现出儒家所要维护的自然秩序和社会秩序的协调，以及对人类社会行为规范和自然物行为规范的内在统一，表达出儒家对生命伦理和仁爱精神的推崇，反映了其以人为本、宽容和谐的价值取向。孟子对"仁"的理解体现在"人性本善""民贵君轻"的思想上。一方面，孟子指出"不违农时，谷不可胜食也；数罟不入洿池，鱼鳖不可胜食也；斧斤以时入山林，材木不可胜用也"，他认为，顺应农时而作，反对对森林的过度砍伐。另一方面，孟子倡导"仁政"，认为"民贵君轻"，他主张君王要爱民亲民，要为百姓施仁政，创造一个安定繁荣的环境。孟子的这些思想对后世的影响十分深远。《荀子·君道》引执政者的《政典》文："先时者杀无赦，不逮时者杀无赦。"《荀子·王制》载："五谷不时，果实未熟，不粥于市。木不中伐，不粥于市。"《荀子·王制》："修火宪，养山林。"《庄子·知北游》中提到，"圣人处物不伤物者，物亦不能伤也。唯无所伤者，为能与人相将迎"，意思是人和万物是相互依存的，这种依存是指我们和万物相处的过程中，不去损伤万物。

（3）道家生态文明思想

道家的环境保护思想强调的是自然规律的客观性，主张人在面对自然时要尊重客观规律，以"无为"作为其思想的核心。在天人关系中，道家认为人们应该遵循客观规律，按自然规律行事。因为人是自然界的一部分，但不是自然界的主宰。道家认为"道生一，一生二，二生三，三生万物"，所谓"天人和一"是建立在"道"的基础之上的。道家创始人老子认为宇宙中有四大，即"道""天""地"和"人"。"道"是天地万物的本源，因此"人法地、地法天、天法道、道法自然"。这句话老子用了一气贯通的手法，将天、地、人乃至整个宇宙的生命规律精辟涵括、阐述出来。"道法自然"揭示了整个宇宙的特性，囊括了天地间所有事物的属性，宇宙天地间万事万物均效法或遵循"道"的"自然而然"规律，道以自己为法则。人的产生和存在是一个自然的过程，人是自然的一部分。因此，道家认定既然天地遵从自然之道，那么人也应该遵从自然之道。"物我为一"是道家信奉的重要平等思想。庄子在《齐物论》中明确指出"天地与我并生，而万物与我为一"，就是对"物我为一"最好的阐释。《庄子·马蹄》中"万物群生，连属其乡"，"同与禽兽居，族与万物并"的思想也都进一步反映出道家对"物我为一"的坚持；道家的"天人合一"思想就是要求人与自然万物相互扶持生存下去。

儒家和道家二者皆强调人类源于自然界，又依赖于自然界。二者"天人合一"的思想理论依据虽然存在明显差异，但是殊途同归，都主张人和自然应该和谐共处，都包含了处理人与自然关系的丰富的生态伦理思想。

2. 传统生态文明思想对当代生态文明建设的启示

（1）有利于促进我国生态文明教育全面发展

建设生态文明，首先要有坚固的社会基础。刘安在《淮南子》中指出："孕育不得杀，壳卵不得采，鱼不长尺不得取，貁不其年不得食。"没有全民生态环保意识的觉醒，就不会有生态环境的根本改善，只有全民认同生态环保的重要性，生态文明观念才能普遍推广。生态文明思想的提出意在改善人类的生存环境，维护生态平衡，要求我们尊重自然的发展规律，达到人与自然和谐共处，而这正好与我国传统自然观相契合。而中国传统的自然观思想随着儒家和道家等传统文化思想的传播更容易渗透到我们的文化氛围当中，能够更好地促进我国生态文明教育的开展。

（2）有利于当代生态文明制度的建设

以先秦儒家思想为例，从孔子的"礼"到荀子的"礼"，我们可以看出先秦时期的社会变迁。孔子和孟子"礼"治的对象是针对整个贵族阶级而言，而荀子"礼"治的对象则为普遍民众。孔子、孟子到荀子主张以"礼"协调人与自然的和谐关系，其"礼"的对象的变化，一方面说明了生态危机是由阶级统治不当造成的，另一方面也反映出当时自然资源急剧增长的消耗量。针对后一方面，先秦儒家"礼"治思想中关于可持续发展的指导性思想对当代生态文明制度建设依然有着重要的借鉴、参考意义。

（3）有利于指导和完善我国生态危机治理

我国自改革开放以来以经济建设为主的发展方针，忽视了对生态环境的保护，导致国内生态危机不断升级，环境污染、资源短缺，越来越多的生态问题逐渐威胁到我们的生存环境。面对已经相当脆弱的生态环境，我们可以从中国传统自然观中寻找生态危机治理的良方。中国传统的自然观要求我们应该尊重自然并怀着感恩的态度来合理利用自然资源，坚信万物与人应该平等和谐共处，因为我们都是同根同源。儒家主张的"用而有度、取之有道"，老子强调的"自然无为"，都是告诉我们要珍爱自然。因此，中国传统自然观为我国生态危机治理不仅提供了坚实丰富的理论基础，同时也指明了一个重要的前进方向。

总之，生态文明是人类社会在原始文明、农业文明、工业文明之后的新的人类文明，是新的社会形态。中国传统自然观虽然可以引导并推动我国生态文明建设前进，但是不可否认的是它具有一定的历史局限性。因此，对于如何结合时代新要求构建中国特色生态文明，早日实现"美丽中国梦"，我们还要进一步对中国传统自然观进行研究。

（二）生态文明概念的提出及实践的探索

从提出生态文明教育概念之时起，学界就开始注重对这一概念进行阐述。一开始，人们只是根据原始文明、农业文明、工业文明的这条线索来表明生态文明是另一种文明形式，或者把生态文明与经济、政治、文化、社会等方面并列在一起，说明生态文明是一个国家现代化建设的重要组成部分，或者把这一文明的教育与环境教育、可持续发展教育等进行比照，说明生态文明内涵的丰富性。这些都是表层性的理解，还没有进行深入的思考和研究。随着探讨的不断深入，学者们逐渐开始把社会领域中的道德原则运用到了人与自然的关系上，这充分显示出人们的理解在不断加深。

学者黄正福强调，生态文明教育是一种知识教育、认识提升、观念形成和行为养成的教育。学者周苏峨强调，将社会关系的道德原则和规范引入到人与自然的关系上，从教育主体对教育客体的意识、认识和行为方式所产生的影响的角度界定了生态文明教育的概念。他认为，生态文明教育实际上就是按照社会中的道德原则，教育主体引导教育客体如何对待自然界，从而形成人与自然的和谐关系，最终达到环境改善，实现人类享受美好生活的目的。学界还有观点认为，生态文明教育的中心是基于对人自身的保护和发展，具体体现在人对于人与自然的关系的认知和实践上。

（三）生态文明教育内容研究的逐渐丰富

在生态文明教育的内容上，人们的讨论从最初的生态文明行为习惯的养成逐步深入到通过知识的教育达到意识增强、观念树立的目的，由外在行为深入到内在的思想深处。此外，大学生生态文明教育的主要内容有哪些以及要达到怎样的目标？学术界对这个问题的研究始终没有间断过。李浩和蒙秋明认为，大学生生态文明教育应当包括观念教育、伦理教育、理论教育和行为教育等各个方面，具体来说，生态文化教育、生态道德教育、生态哲学教育、生态法制教育、生态经济教育和生态消费教育都应当纳入大学生生态文明教育的范畴。将生态文明教育的内容界定好，其目标也就明确了，即生态文明教育是指通过加强生态知识教育，达到大学生树立生态文明观念、提高大学生环保意识、为构建生态文明社会提供精神动力的目的。

（四）生态文明教育问题研究的反思

在教育状况的反思上，不论是教育实践者还是学术界，都在了解现实状况的基础上，进一步思考产生这些状况的深层次原因，从而为改变现状找到突破口，提出一系列行之有效的对策和措施。

关于大学生生态文明教育存在的问题及原因的反思，谢东娣强调，大学生生态文明教育之所以被边缘化，生态文明教育理念之所以没能很好地贯彻到各学科的教育当中去，是因为生态文明教育的师资力量较缺乏，师资水平有限等。王康指出，大学生生态文明教育长期以来一直受到了漠视，高校和教育主管部门都没能对此做出明确的方案和要求，没有把生态文明教育列为高校教育工作的一个重要目标，这是导致大学生生态文明教育在高校被淡化的主要原因。

（五）生态文明教育对策研究的不断深入

在大学生生态文明教育的对策、途径和措施上，人们由简单地提出观点过渡到进一步说明理由，并且注重将当代的教育理念运用到对大学生生态文明的教育中，强调"主导式""体验式"等教育方式的重要作用。此外，陈晖涛认为，在课堂教学中融入生态文明教育是最基本的措施。他特别指出，高校思想政治理论课是大学生生态文明教育的主渠道，应当在教学内容中渗透生态文明教育，尤其要"促进高校思想政治理论课教材体系向教学体系的转换，增强大学生生态文明教育的实效性和针对性"。吴青林认为，实现育人观念的转变是根本，高校应当从培养"聪明的科技人"转变到培养"理性的生态人"上来；要充分发挥课堂教学的作用，但教学方式要得到切实改变，要倡导和践行学生主导式的教学方式；积极开展各种形式的活动，如讲座、读书会、生态文明寝室评选等，让学生在活动中体验，以便树立生态文明观念，养成良好的生态文明行为习惯；善于运用现代网络技术，扩大宣传的影响力；通过相关制度对大学生形成一定的约束力。俞白桦提出，大学生生态文明行为的养成主要途径有：开拓教育主渠道，以提高认知水平；营造氛围导向，以促进将信念外化成自觉行为；建立规范，以多种训练巩固养成教育的成果。

（六）生态文明教育方法研究的不断创新

从生态文明教育的研究方法上看，国内大学生生态文明教育的研究主要采用了调查研究和理论研究两种方法，目前出现了将二者相结合的研究趋势，并且调查研究分析方法日益成为极为重要的研究方法。这一趋势以刘伟建对陕西省部分高校大学生生态文明素养的调查分析、朱洪强对北京8所行业高校大学生生态文明意识的调查分析较为典型。

总的来说，通过对国内大学生生态文明教育研究的梳理可以看出，国内大学生生态文明教育研究虽然取得了一定的成果，但仍存在一些不足，需要进一步思考和探讨。一是生态文明教育缺乏长效的机制，难以达到理想效果。现有的生态文明教育只是由任课教师在涉及相关内容时蜻蜓点水般地轻轻带过，没有进行更深入、更系统、更专业的教育，学生从教师那里得不到专业性的培养。二是家庭、学校、社会三者之间在大学生生态文明教育方面出现了脱节，没有形成有效的合力。三是大学生生态文明教育没有结合地域特点，教育工作缺乏实际性、针对性和有效性等。

二、国内生态文明教育的主要代表思想

毋庸置疑，随着经济全球化的不断向前推进，生态文明教育的重要性已经越来越明显，而且对于生态文明教育的发展，已经越来越由政府主导转向政府主导、社会参与、学校教育的共同体，不断加强生态文明教育已经刻不容缓。国内生态文明教育的发展要以马

克思主义生态文明思想为指导，自新中国成立以来，我国始终在探索生态文明教育的过程中不断前进，尤其是党的十八大以来，在以习近平同志为核心的党中央的领导下，我国生态文明教育取得了较大成效。

（一）马克思主义的生态文明思想

马克思和恩格斯认为，生态文明思想理念的关键在于人与自然的辩证统一关系，人脱离不了自然，自然界为人类提供生产生活资料。他们认为，首先，人不能脱离自然界而存在，人们的生产生活依靠自然资源而进行。自然界是人类生存的基本前提，离开自然人类将不能存活。生存的危机是生态环境危机的实质，而人类持续发展的根本就是实现与自然的和谐共处。习近平关于生态文明的思想正是建立在充分认识和了解人与自然之间的关系是辩证统一的基础上的。生态文明是人类为保护和建设美好生态环境而取得的物质成果、精神成果和制度成果的总和，是贯穿于经济建设、政治建设、文化建设、社会建设全过程和各方面的系统工程，反映了一个社会的文明进步状态。自然与人类是不可割裂的，正如把自然史同人类史分开来看待，自然与人类的发展应该是相辅相成，相互影响的。正如马克思所说："我们仅仅知道一门唯一的学科，即历史科学。历史可以从两个方面来考察，可以将它划分为自然史和人类史，但这两方面是不可分割的，只要有人类存在，自然史和人类史就彼此相互制约。"人类与生态环境之间通过人类的实践活动构建了联系，人类通过实践感知客观自然界，并在一定程度内认识、影响、改造和作用于自然界，一部分的实践活动是对客观现实进行有目的的改造。

马克思在《1844 年经济学哲学手稿》中指出："对历史发展中人与自然的关系做出了深刻的论述。自然界和人类历史通过人的劳动活动而得到了内在的结合，其结合的'纽带'就是社会。"《手稿》关于人与自然、人与人相统一的思想，对于我们构建社会主义和谐社会具有重要的方法论意义。马克思指出："共产主义作为完成了的自然主义，等于人道主义，而作为完成了的人道主义，等于自然主义，它是人和自然之间、人和人之间的矛盾的真正解决，是存在和本质、对象化和自我确证、自由和必然、个体和类之间的斗争的真正解决。"① 构建社会主义和谐社会，必须合理解决人与自然、人与社会的矛盾，使人与自然、人与社会的关系得到和谐的发展。随着人类认识自然和改造自然的能力的不断飞跃，工业文明的发展速度同几千年的农业文明相比显得非常迅速。工业文明的进步带来的结果就是在社会经济的整体水平、社会生产力发达程度、劳动生产率的提升上面都比农业文明时期有大幅度提高。时至今日，工业文明整体发展速度在逐渐放慢，但工业文明的发展却为生态文明的发展带来重重危机。马克思《关于费尔巴哈的提纲》中在以实践观为基础的唯物史观的基本观点中提到人与环境的关系，18 世纪的法国唯物主义者和空想社会者都曾提出过"人是环境和教育的产物"的命题。应该肯定，这一命题包含了唯物主义的积极因素，但是，由于这种学说忘记了环境和人都是由时间来加以改变的，因此最终导向了"意见支配世界"的唯心史观。从新唯物主义观点看，"环境的改变

---

① 马克思恩格斯文集：第 1 卷［M］．北京：人民出版社，2009：185．

和人的活动或自我改变的一致，只能被看作是并合理地理解为革命的实践。"① 这就是说，实践是人与环境统一的基础。一方面，在实践活动中，人作为能动的主体改变着环境，不断地把"自在之物"纳入属人的世界，使之变为"为我之物"；另一方面，在实践活动中，环境作为人的活动的客观条件，对于人的生存和发展具有重要的影响和制约作用。因此，在实践的基础上，人和环境相互作用，相互建构，"人创造环境，同样，环境也创造人"②。

马克思主义生态文明思想是唯物主义的生态文明思想。马克思主义生态文明思想承认自然的客观实在性，强调人与自然是相互依存、不可割裂的整体，人与自然界是既相对独立又互相依存的关系。同时人类源于自然并生活在自然界之中，对自然界有着无法分割的依赖性，在实践生活中，人具有一定的主观能动性，人类能够认识自然、改造自然，人类与自然是休戚相关、和谐共存的有机整体，人类在对自然予以改造的同时，应当尊重自然和保护环境，遵循自然界发展的客观规律，达到人和自然的和谐统一。具体来说，马克思主义生态观包含三层意思：首先，人来自自然界，大自然是人类的生命之源、生命之本，是人类赖以生存和发展的基础。马克思指出："自然界是人的无机的身体，人靠自然界来生活。这就是说，自然界是人为了不致死亡而必须与之形影不离的身体。说人的物质生活和精神生活同自然界不可分离，这就等于说自然界同自己本身不

---

① 马克思恩格斯文集：第1卷［M］. 北京：人民出版社，2009：500.
② 马克思恩格斯文集：第1卷［M］. 北京：人民出版社，2009：545.

可分离，因为人是自然界的一部分。"① 人的生命同所有的生命形态
一样，都是从自然界产生的，是自然界的一部分，"我们连同我们的
肉、血和头脑都是属于自然界，存在于自然界的。"② 人的生存发展
离不开自然界，人类的一切包括人类的创造皆以自然为基础。可以
说，没有自然界，没有自然界作为人的生命支撑系统的存在，没有
感性的外部世界，人们就什么也不能创造。因此，作为人和人类社
会母体的自然界是应当受到人类社会尊重保护的，人类应如同爱护
自己的身体一样，保护自然和珍惜自然，而不能破坏和损害大自然。
其次，马克思主义认为，人是社会存在物，具有社会属性，人与自
然是对立统一的关系。马克思旗帜鲜明地说明了自然界先于人类而
存在的客观性和先在性，同时也指出"人本身是自然界的产物，是
在自己所处的环境中并且和这个环境一起发展起来的"③。因此，
人、社会和自然是一体化的有机整体，都是自然界长期进化的结果，
人不仅是作为生命的自然存在物，而且是有意识的、具有主观能动
性的社会存在物，这也是人类在自然界长期进化中有别于自然或者
说有别于其他生物包括动物的最本质的地方。在马克思主义看来，
在与外部自然界的关系上，动物仅仅利用外部自然界，简单地用自
己的存在在自然界中引起变化；而人则通过他所处的改变来使自然
界为自己的目的服务，来支配自然界。而这一支配主要体现在人能
够认识自然、改造自然，使自然为人的目的服务。最后，马克思主

---

① 马克思恩格斯选集：第 4 卷 ［M］．北京：人民出版社，2012：273．
② 马克思恩格斯选集：第 2 卷 ［M］．北京：人民出版社，2012：384．
③ 马克思恩格斯选集：第 3 卷 ［M］．北京：人民出版社，2012：74．

义生态观强调人类改造自然界时应当遵循自然客观规律。马克思在承认人类具有能动性的同时，明确地指出人对自然界的统治力量在于人类"能够认识和正确运用自然规律"。这是对人类具有认知规律和运用规律能力的高度肯定，它充分说明了人能够根据自己的需要和具有的能力对自然界加以改造和利用。但这种改造和利用并不代表着人类可以肆无忌惮地为所欲为，因为作为大自然始终有人的意志无法改变的客观规律性，而这种自然规律是根本不能取消的。在不同的历史条件下能够发生变化的，只是这些规律借以实现的形式。所以人类在发挥主观能动性时，应该而且必须正确地认识和尊重、遵循自然的客观规律性，按照自然客观规律办事。只有这样，才能取得成功和实现人与自然的和谐发展。否则，"任何不以伟大的自然规律为依据的人类计划，只会带来灾难"，就会遭到自然界的报复，即使有时有些事情短暂取得了一时的胜利，但"对于每次这样的胜利，自然界都报复了我们。每一次胜利，在第一步都确实取得了我们预期的结果，但是在第二步和第三步却有了完全不同的、出乎预料的影响，常常把第一个结果又取消了"。这是马克思、恩格斯对现代人类行为的最大警示，也是马克思生态观中就人与自然的关系，以及人认识自然、改造自然实践活动论述中的点睛之论。

实践是人与自然对象性关系的中介。一方面，实践的主体、手段、客体、结果都是可感知的客观实在。实践是人类凭借物质手段改造客观对象的能动性活动，它可以在一定范围内影响、作用、改造自然界，因而实践具有客观现实性。另一方面，实践具有自觉能动性。实践活动总是在一定的思想或理论指导下有目的的能动活动过程，正如马克思所说："正是在改造对象世界的过程中，人才真正地证明自己是类存在物。这种生产是人的能动的类生活。通过这种生产，自然界才表现为他的作品和他的现实。"① 这充分体现了实践主体对自然的影响力和改造自然的创造性，表现了它能动性的特点。另外，只有在社会关系中，实践活动才得以开展，"人同自身以及同自然界的任何自我异化，都表现在他使自身、使自然界跟另一些与他不同的人所发生的关系上"②。因此，人类自身的社会关系与自然界的关系具有内在的统一性，这是由于人类的实践活动不是纯粹的人类与自然界的物质交换关系，它"表现为双重关系：一方面是自然关系，另一方面是社会关系"③。

总之，实践是人与自然辩证统一关系的基础。一方面，自然是人实践活动的对象，为人类实践活动的顺利进行提供了必要条件，没有自然，人类不仅无法通过资源、环境获取维持生命延续的基本能量要素，而且也将失去安身立命的生存居所；另一方面，人与自然的关系是在社会实践活动中得以形成与体现的，离开人的实践活动，自然也就难以成为人现实的生活要素，人与其他动物也将失去明显的区别。为此，马克思曾指出："环境的改变和人的活动或自我改变的一致，只能被看作是并合理地理解为革命的实践。"④ 显然，人们只有在实践活动中才能真正做到尊重自然、保护自然，在变革非生态化的生产方式与生活方式的过程中真正实现人与自然的和谐

---

① 马克思恩格斯文集：第1卷［M］．北京：人民出版社，2009：163．
② 马克思恩格斯文集：第1卷［M］．北京：人民出版社，2009：165．
③ 马克思恩格斯文集：第1卷［M］．北京：人民出版社，2009：532．
④ 马克思恩格斯文集：第1卷［M］．北京：人民出版社，2009：220．

发展。

(二) 尊重自然与利用自然

自中华人民共和国成立以来,我国社会一直面临着人口众多、资源占有量不足、生态环境脆弱等多方面的压力,同时由于生产力水平低下,社会发展方式粗放、落后等原因,我国的生态环境问题越来越突出、资源压力越来越大。面对严峻的资源环境形势和巨大的发展压力,中国共产党始终坚持立足中国的基本国情,坚持以马克思主义理论为指导,在不断发展生产力、提高人民生活水平的过程中,探索人与自然和谐共生的发展道路。

作为伟大的无产阶级革命家、政治家、战略家的毛泽东,虽然在人口、环境、资源等方面没有专门的著作,但他在谋划新中国发展战略和探索中国社会主义建设道路的过程中,在人与自然的关系和节约环保等方面也有所论述。这些探索对当前我国生态文明教育的开展不乏指导与启发意义。

毛泽东关于生态文明的主要观点如下。

第一,人是自然界的奴隶同时又是它的主人。早在 1917 年至 1918 年,毛泽东在湖南省立第一师范学校读书时,就开始从哲学角度阐发对人与自然关系的看法,尽管此时他还没有真正接触马克思主义理论,但在他对《伦理学原理》(由蔡元培翻译德国人鲍尔森的著作)一书的批语中就已透露出唯物论与辩证法的苗头。他指出:"人类者,自然物之一也,受自然法则之支配,有生必有死,即自然物有成必有毁之法则。且吾人之死,未死也,解散而已。凡自然物不灭，吾人固不灭也。"① 在承认人是自然存在物的基础上，毛泽东强调人对自然界的反作用，人可以对自然发挥主观能动性。他在批语中强调："吾人虽为自然所规定，而亦即为自然之一部分。故自然有规定吾人之力，吾人亦有规定自然之力；吾人之力虽微，而不能谓其无影响（于）自然。"② 这说明在毛泽东年轻时就已经初步认识到人是自然的产物，受自然制约，同时人又不像其他生物那样只能被动地适应自然，而是可以在主观意识的指导下通过实践活动反作用于自然。毛泽东在接受了马克思主义理论之后，结合中国革命和建设的实践对人与自然关系的认识进一步深化。他认为人是自然界的一部分，自然界存在物质、能量转换与循环的客观规律，人与自然之间是对立统一的。毛泽东1965年在《错误往往是正确的先导》一文中指出："人类同时是自然界和社会的奴隶，又是它们的主人。"③ 在毛泽东看来，人类是自然界的奴隶和主人的统一。这就从主客体关系的视角对人与自然关系进行了辩证分析，强调了人们只有掌握了自然界的客观规律，才能成为自然界的主人，否则就只能是自然界的奴隶；只有认识了自然界的客观规律，人类的认识才能实现由必然王国到自由王国的飞跃。毛泽东在《错误往往是正确的先导》一文中特别强调了人类掌握、遵循自然规律的重要性，他指出："对客观必然规律不认识而受它的支配，使自己成客观外界的奴

---

① 中共中央文献研究室，中共湖南省委《毛泽东早期文稿》编辑组. 毛泽东早期文稿（1912—1920）［M］. 长沙：湖南出版社，1990：194.
② 新湘评论编辑部. 毛泽东同志的青少年时代［M］. 北京：中国青年出版社，1979：58.
③ 毛泽东文集：第8卷［M］. 北京：人民出版社，1999：326.

隶，直至现在以及将来，乃至无穷，都在所难免。"①

第二，厉行节约、反对浪费。毛泽东一向主张勤俭节约、反对铺张浪费。他指出："勤俭和反对浪费是我们党的一贯方针和优良传统，什么时候都不能改变!"② "应该使一切政府工作人员明白，贪污和浪费是极大的犯罪。"③ 中华人民共和国成立初期，为了恢复生产，平衡开支，国家发出《关于增加生产、增加收入、厉行节约、紧缩开支，平衡国家预算的紧急通知》和《关于进一步开展增产节约运动竞赛，保证全面地完成国家的生产计划的紧急通知》等通知。毛泽东还提出："在企业事业和行政开支方面，必须反对铺张浪费，提倡艰苦朴素作风，厉行节约。在生产和基本建设方面，必须节约原材料，适当降低成本和造价，厉行节约。"④ 他在 1956 年也指出："什么事情都应当执行勤俭的原则。这就是节约的原则，节约是社会主义经济的基本原则之一。"⑤ 在制定国家发展战略时，他曾强调："要使我国富强起来，要几十年艰苦奋斗的时间，其中包括执行厉行节约、反对浪费这样一个勤俭建国的方针。"⑥ 勤俭节约、反对浪费是我们党的优良传统，不仅在艰苦的条件下需要，在人民生活水平大大提高的今天仍然需要。由于人类所需的很多自然资源非常有限，且不能再生，只有十分珍惜、合理利用我们有限的能源资源，才能

---

① 毛泽东文集：第8卷 [M]．北京：人民出版社，1999：326.
② 沈同. 我们怎样保卫毛主席 [M]．北京：中央文献出版社，2009：73-74.
③ 毛泽东选集：第1卷 [M]．北京：人民出版社，1991：134.
④ 毛泽东文集：第7卷 [M]．北京：人民出版社，1999：160.
⑤ 毛泽东文集：第6卷 [M]．北京：人民出版社，1999：447.
⑥ 毛泽东文集：第7卷 [M]．北京：人民出版社，1999：240.

有效缓解我国巨大的资源需求压力。

第三，毛泽东也很重视植树造林、美化环境。他明确提出："要使我们祖国的河山全部绿化起来，要达到园林化，到处都很美丽，自然面貌要改变过来。"① 一切能够植树造林的地方都要努力植树造林，逐步绿化我们的国家，美化我国人民劳动、工作、学习和生活的环境。② 毛泽东还非常重视水利建设，重视治理大江大海，他认为兴修水利是保证农业增产的大事，要保证遇旱有水，遇涝能排。为此，毛泽东强调一定要把淮河修好，要把黄河的事办好。

总之，毛泽东在利用自然、勤俭节俭等方面的思想主张对当前我国建设生态文明具有多方面的启发与借鉴意义。在人与自然的关系方面既要发挥人的主观能动性，改造自然、利用自然，更要尊重自然，尊重客观规律，自然不是人类的敌人，而是与人类休戚与共的朋友。毛泽东节约资源、反对浪费的主张以及植树造林、美化环境等思想，既为我国生态文明教育研究提供了思想基础，也为我国生态文明教育实践提供了多方面的教学案例。

（三）控制人口与法治环保

邓小平作为党和国家的第二代主要领导人、改革开放的总设计师，在领导全国人民致富奔小康的同时，也面临着经济发展与资源、环境、人口之间的矛盾问题。他以长远眼光从战略高度提出计划生

---

① 中共中央文献研究室，国家林业局. 毛泽东论林业（新编本）［M］. 北京：中央文献出版社，2003：51.

② 中共中央文献研究室，国家林业局. 毛泽东论林业（新编本）［M］. 北京：中央文献出版社，2003：77.

育、完善法制、绿化祖国等有利于人与自然和谐的发展思想。在这些科学理念的指导下，社会主义现代化建设在大力发展经济的同时也在积极探索人与自然和谐发展的道路。

邓小平关于生态文明的主要观点如下。

第一，正确处理人口与经济社会发展的关系。人口是制约经济社会发展的关键因素，正确处理人口与经济社会发展的关系是实现社会稳定、生产发展与生态良好的重要条件和保障。为了实现经济社会的持续健康发展，邓小平非常重视人口的数量与质量在社会发展中的作用。他在1953年第一次全国人口普查后，就认为应该节制人口数量。随后，他提出完全有必要实行有计划的生育政策。党的十一届三中全会胜利召开后，针对人口与经济社会发展不协调的现状，邓小平提出了自己的人口主张。他在1979年3月党的理论工作务虚会上着重分析了人口与现代化的关系。邓小平指出："人口多，耕地少，现在全国人口有九亿多，其中百分之八十是农民，人多有好的一面，也有不利的一面。在生产还不够发展的条件下，吃饭、教育和就业都成为严重的问题。我们要大力加强计划生育工作，但是即使若干年后人口不再增加，人口多的问题在一段时间内仍然存在……现代化的生产只需要较少的人就够了，而我们人口这样多，怎样两方面兼顾？不统筹兼顾，我们就会长期面对着一个就业不充分的社会问题。"① 他还指出，应该立些法，限制人口增长。在邓小平的主持下，1982年，计划生育被列为我国的一项基本国策，并写

---

① 邓小平文选：第2卷［M］．北京：人民出版社，1994：164.

入新修改的宪法。其中，对此明确规定：夫妻双方有实行计划生育的义务。我国正式进入通过法制实现人口有序增长的轨道。计划生育政策实施 40 多年来，使我国累积少生 4 亿多人，使世界 70 亿人口日推迟 5 年左右。[①] 邓小平不仅注重控制人口数量，而且强调要提高我国公民的人口素质，他主张通过教育等手段开发人力资源、提高人口素质。在他看来，提高人口素质的关键在于教育。通过教育可以大力提高人口素质，造就大批有用人才，进而可以有效提升我国的综合国力。他曾强调："我们国家，国力的强弱，经济发展后劲的大小，越来越取决于劳动者的素质，取决于知识分子的数量和质量。一个十亿人口的大国，教育搞上去了，人才资源的巨大优势是任何国家比不了的。"[②] 总之，邓小平在控制我国人口数量、提高我国人口素质方面起了关键作用，正是计划生育政策的实施使我国人口逐步与社会经济发展相适应，从而在稳步提高人民生活水平的基础上，促进了我国从人口大国向人力资源强国的迈进。

第二，通过完善法制保护生态环境。邓小平深刻地认识到法制对于一个国家的重要性，所以他非常重视法制建设，强调一切工作都要有法可依、依法办事。这一时期邓小平主持制定、修订了一系列关于生态环境建设方面的法律法规。1978 年新修订的宪法明确规定：国家保护环境和自然资源，防治污染和其他公害。这是在我国宪法中首次出现有关环境保护的规定。这一规定为我国环保工作与

---

① 代丽丽. 计划生育累积少生 4 亿人　我国使世界 70 亿人口日推迟 5 年［N］.
北京晚报，2013 - 11 - 12（15）.

② 邓小平文选：第 3 卷［M］. 北京：人民出版社，1993：120.

环境教育提供了强有力的法制保障。1979 年，我国又针对环境保护问题专门制定了《中华人民共和国环境保护法（试行）》，其中明确规定：要合理利用自然环境，防止环境污染和生态破坏。从此，我国环境保护和环境教育工作走向了法制化轨道。为了贯彻落实《中华人民共和国环境保护法（试行）》，1981 年 2 月 24 日，我国还出台了《关于在国民经济调整时期加强环境保护工作的决定》，对切实保护环境、节约资源以及有效开展环境教育进行了详细周密的部署。在党和国家的重视下，保护环境逐步成为我国的一项基本国策。截至 20 世纪 90 年代初，在邓小平的大力推进下，全国人大常委会颁布、修订了关于资源环境方面的法律法规多达十几部，具有代表性的有：1979 年制定并于 1989 年修订的《中华人民共和国环境保护法》、1982 年制定的《中华人民共和国海洋环境保护法》、1984 年制定的《中华人民共和国水污染防治法》和《中华人民共和国森林法》、1985 年制定的《中华人民共和国草原法》、1987 年制定的《中华人民共和国大气污染防治法》以及 1991 年制定的《中华人民共和国水土保持法》等。[①] 这些法律、法规，对保护、利用、开发和管理整个生态环境及其资源提供了强有力的法律保障。在邓小平法制思想的指导下，我国环境保护和资源开发逐步迈向法治化、制度化的时代。从当前我国生态文明教育的开展来看，普及宣传环境、资源等方面的法律法规是生态文明教育的重要任务，让每一个社会成员知法、懂法、用法，而不违法、犯法是提高公民生态文明素质

---

① 刘静. 中国特色社会主义生态文明建设研究［D］. 北京：中共中央党校，2011.

的基本要求。

第三，邓小平也很重视植树造林、绿化祖国以造福后代。在他的关怀与支持下，我国成功建立了三北防护林体系工程，为我国改善生态环境、减少自然灾害建立了绿色屏障。1979 年 2 月，第五届全国人大常委会第六次会议通过决定把每年 3 月 12 日定为植树节，邓小平不仅是义务植树的倡导者，也是义务植树运动的积极践行者。他认为，植树造林是改善生态环境的基本途径，是利国利民造福后世的重要举措。邓小平作为当时国家的主要领导人不仅在政策上大力倡导植树造林、绿化祖国，而且在实际行动上自己身体力行率先垂范，无形中为全国人民树立了植树造林的榜样。国家政策的正确引导和领导人的感染带动，使我国从 20 世纪 80 年代以来植树绿化面积大大增加。这不仅可以达到防风固沙、涵养水源、美化环境的目的，还可以为未来社会建设储备大量建筑材料。即使今天看来，植树造林、绿化祖国的思想主张与行为实践对全国人民特别是青少年也具有积极的教育意义，对他们生态环保意识的形成具有重要的推动作用。

总之，作为新中国第二代主要领导人和改革开放的总设计师，邓小平在正确处理人与自然关系，协调发展经济与保护环境的关系等方面提出了具有转折意义的建设思想。他积极倡导在我国实施计划生育与保护环境的基本国策，这对当前我国经济社会发展仍然具有重要的指导意义。同时，他主张用法制治理资源浪费与环境污染，使我国的生态环境保护与节能增效工作逐步走上了法治化轨道。此外，他主张植树造林、美化环境的思想，不仅有利于改善我国的生态环境，同时也对提高青少年的生态文明素质具有教育意义。因此，邓小平在生态环境建设方面的诸多思想是我国生态文明教育研究的重要理论来源，为生态文明教育在实践中的顺利开展提供了思想基础。

（四）可持续发展与保护生产力

江泽民继毛泽东、邓小平之后在深化改革、扩大开放的基础上继续领导全国人民探索中国特色社会主义发展道路。面对社会主义现代化建设过程中出现的人口、资源、环境等方面的新问题、新情况，江泽民立足国情、联系实际进行了深入思考，在探索正确处理人与自然关系的道路上提出了一系列新观点、新论断。

首先，提出了可持续发展思想。"可持续发展是既满足当代人的需要，又不对后代人满足其需要的能力构成危害的发展。"① 自国际社会在 20 世纪 90 年代初提出可持续发展理念以来，我国政府积极响应，在认识逐步深化的基础上，可持续发展成为我国重要的战略性发展理念。江泽民作为当时党和国家领导集体的核心，多次强调要在我国坚定不移地实施可持续发展战略。1995 年 9 月，在中国共产党十四届五中全会上，江泽民提出："在现代化建设中，必须把实现可持续发展作为一个重大战略。"② 1997 年 9 月，江泽民在党的十五大报告中再次强调："在现代化建设中必须实施可持续发展战

---

① 世界环境与发展委员会. 我们共同的未来［M］. 王之佳，柯金良，等译. 长春：吉林人民出版社，1997：52.

② 江泽民文选：第 1 卷［M］. 北京：人民出版社，2006：463.

略。"① 可持续发展战略的提出，重申了发展是解决所有问题的根本对策，突出了什么样的发展才是我们需要的发展，我们需要的发展不是唯 GDP 的单纯经济发展，而是从长远角度考虑综合效益的可持续发展。对于什么是可持续发展，江泽民在 1996 年 3 月的中央计划生育工作座谈会上说："可持续发展，就是既要考虑当前发展的需要，又要考虑未来发展的需要，不要以牺牲后代人的利益为代价来满足当代人的利益。"② 面对我们有限的资源和脆弱的环境，当代人在满足自身物质与精神需求的同时，绝不能采取急功近利、杀鸡取卵式的经济发展方式，而需要从人类社会发展的长远利益出发，尽可能协调人口、资源、环境之间的关系，使个人利益与社会利益、当代利益与后代利益有机统一。2001 年 7 月，在建党 80 周年纪念大会上，江泽民详细阐述了贯彻落实可持续发展战略的要求和目标，即"坚持实施可持续发展战略，正确处理经济发展同人口间的关系，改善生态环境和美化生活环境，改善公共设施和社会福利设施，努力开创生产发展、生活富裕和生态良好的文明发展道路。"③ 随着党和国家对可持续发展理念认识的不断加深，2002 年 11 月，党的十六大报告进一步把可持续发展作为衡量未来社会发展水平的一个重要指标，即"可持续发展能力不断增强，生态环境得到改善，资源利用效率显著提高，促进人与自然的和谐，推动整个社会走上生产发展、生活富裕、生态良好的文明发展道路"④。并且在我国的可持续

---

① 江泽民文选：第 2 卷 ［M］. 北京：人民出版社，2006：26.
② 江泽民文选：第 1 卷 ［M］. 北京：人民出版社，2006：518.
③ 江泽民文选：第 3 卷 ［M］. 北京：人民出版社，2006：295.
④ 江泽民文选：第 3 卷 ［M］. 北京：人民出版社，2006：5.

发展过程中，我们要"走出一条科技含量高、经济效益好、资源消耗低、环境污染少、人力资源优势得到充分发挥的新型工业化路子"①。在江泽民的积极推动与倡导下，我国社会经济逐步迈向可持续发展的道路，为进一步化解人口与资源、环境之间的矛盾开辟了新道路、提供了新方法。

其次，保护资源环境就是保护生产力。"环境意识和环境质量如何，是衡量一个国家和民族的文明程度的一个重要标志。"② 江泽民非常重视对资源和环境的保护与合理利用。他指出："我国耕地、水和矿产等重要资源的人均占有量都比较低。今后，随着人口的增加和经济的发展，对资源总量的需求更多，环境保护的难度更大。必须切实保护资源和环境，不仅要安排好当前的发展，还要为子孙后代着想，决不能吃祖宗饭、断子孙路，走浪费资源和先污染、后治理的路子。"③ 江泽民还指出："我国人口众多，人均资源相对短缺，科技水平不高，经济技术基础比较薄弱，保护生态环境面临的任务很艰巨。因此，在经济社会发展中，我们必须努力做到投资少、消耗资源少，而经济社会效益高、环境保护好。"④ 1996 年 7 月，江泽民在第四次全国环境保护会议上做了"保护环境，实施可持续发展战略"的重要讲话。在这次会议上他提出了"保护环境的实质就是保护生产力"的重要论断。这次会议还确定了坚持污染防治和生态保护并重的方针，同时要求实施《污染物排放总量控制计划》和

---

① 江泽民文选：第 3 卷 [M]．北京：人民出版社，2006：545.
② 江泽民文选：第 1 卷 [M]．北京：人民出版社，2006：534.
③ 江泽民文选：第 1 卷 [M]．北京：人民出版社，2006：532.
④ 江泽民文选：第 1 卷 [M]．北京：人民出版社，2006：534.

《跨世纪绿色工程规划》两大举措，在全国开始展开大规模的重点城市、流域、区域、海域的污染防治及生态建设和保护工作。① 1998年11月，国务院通过《全国生态环境建设规划》，其中指出："生态环境是人类生存和发展的基本条件，是经济、社会发展的基础。保护和建设好生态环境，实现可持续发展，是我国现代化建设中必须始终坚持的一项基本方针。"② 江泽民还提出了保护资源环境的基本路径："在全国实行最严格的资源管理制度，坚持'在保护中开发，在开发中保护'的总原则不动摇。要努力提高资源利用水平和效率，走出一条资源节约型的经济发展路子。"③ 江泽民把保护环境与合理利用资源上升到与生产力同等的高度，充分说明资源、环境等因素在社会发展中的重要作用，生产力是社会发展的动力，而资源环境是这一动力的重要来源。我们只有在发展的过程中注重保护环境、合理开发利用资源，才能真正实现可持续发展。

总之，江泽民在继承邓小平发展思想的基础上探索了"实现什么样的发展以及如何发展"的问题，促使我国经济社会逐步走上了可持续发展的道路。可持续发展注重发展的长远性、持续性和协调性，可以避免发展中单纯求速度、上规模而破坏生态、浪费资源的弊端。可持续发展理念为我们解决环境、资源问题提供了一个全新

---

① 中共中央文献研究室. 十五大以来重要文献选编（上）［M］. 北京：中央文献出版社，，2011：532.
② 江泽民在中央人口资源环境工作座谈会上强调：切实做好人口资源环境工作确保实现跨世纪发展宏伟目标［N］. 人民日报，2000－3－13（1）.
③ 中共中央文献研究室. 十六大以来重要文献选编（上）［M］. 北京：中央文献出版社，2005：465.

的视角，即把节能环保放在发展的过程中综合考虑、统筹兼顾，而不是就污染谈环保、就资源谈节能，这样更有利于从长远和根本上解决生态环境问题。同时，江泽民把保护环境同保护生产力相提并论，一方面说明党和国家已经认识到环境、资源对国家发展与民族振兴的意义；另一方面也告诫国人保护环境、节约资源是每个人义不容辞的责任。江泽民在生态环境建设方面具有与时俱进的思想主张，这些思想主张为我国进一步建设生态文明提供了实践基础，也为我国生态文明教育在理论与实践中的发展提供了思想基础。

（五）科学发展与生态文明

进入新世纪、新阶段，以胡锦涛为核心的党中央领导集体，面对我国社会主义现代化建设出现的新形势、新矛盾，提出了构建"两型社会"、建设和谐社会、坚持科学发展观、建设生态文明等一系列富于时代特色的战略思想，不断将中国特色社会主义推向新的发展阶段。

首先，提出了科学发展观。科学发展观与可持续发展既一脉相承又体现了新时期、新阶段的新特点，是胡锦涛在可持续发展理论的基础上与时俱进的重要理论成果。2003 年 10 月，中共十六届三中全会第一次全体会议通过了《中共中央关于完善社会主义市场经济体制若干问题的决定》，其中要求"坚持以人为本，树立全面、协调、可持续的发展观，促进经济社会和人的全面发展"。这是党的政策文件中较早涉及科学发展观的表述。在中共十六届三中全会第二次全体会议上，胡锦涛对科学发展观的概念及意义做了进一步阐发："树立和落实全面发展、协调发展和可持续发展的科学发展观，对于我们更好地坚持发展才是硬道理的战略思想具有重大意义。树立和落实科学发展观，这是二十多年改革开放实践的经验总结……也是推进全面建设小康社会的迫切要求。"为了使科学发展观在实践中得到有效落实，胡锦涛于 2004 年 3 月在中央人口资源环境座谈会上，详细阐述科学发展的内涵与基本要求，即"坚持以人为本，就是要以实现人的全面发展为目标，从人民群众的根本利益出发谋发展、促发展，不断满足人民群众日益增长的物质文化需要，切实保障人民群众的经济、政治和文化权益，让发展的成果惠及全体人民。全面发展，就是要以经济建设为中心，全面推进经济、政治、文化建设，实现经济发展和社会全面进步协调发展，就是要统筹城乡发展、统筹区域发展、统筹经济社会发展、统筹人与自然和谐发展、统筹国内发展和对外开放，推进生产力和生产关系、经济基础和上层建筑相协调，推进经济、政治、文化建设的各个环节、各个方面相协调。可持续发展，就是要促进人与自然的和谐，实现经济发展和人口、资源、环境相协调，坚持走生产发展、生活富裕、生态良好的文明发展道路，保证一代接一代地永续发展。"[①] 多年来，我国经济社会发展中人口、资源、环境间的矛盾比较突出，特别是水体污染严重、雾霾天气增多及各类生态环境群体性事件频发。鉴于此，胡锦涛从我国实际出发提出我们追求的发展是科学发展，要统筹兼顾，要尊重自然、顺应自然，这是形势所迫也是中华民族永续发展的必然选择。随着理论研究的深化与实践活动的深入，科学发展观在党

___

① 中共中央文献研究室. 十六大以来重要文献选编（上）［M］. 北京：中央文献出版社，2005：850.

的十七大被写入党章，十八大把科学发展观正式确定为党的指导思想。

其次，提出构建社会主义和谐社会。胡锦涛还针对我国社会各方面的不和谐、不文明，立足人民群众对美好生活的期盼，提出了构建社会主义和谐社会的伟大号召。2004 年 9 月，中共十六届四中全会公报中首次使用"构建社会主义和谐社会"的表述。2005 年 2 月，胡锦涛在中央党校省部级主要领导干部构建社会主义和谐社会能力专题研讨班上，对社会主义和谐社会的内涵及任务等方面进行了详细论述，即"我们所要建设的社会主义和谐社会，应该是民主法治、公平正义、诚信友爱、充满活力、安定有序、人与自然和谐相处的社会。……人与自然和谐相处，就是生产发展，生活富裕，生态良好"①。显然，和谐社会应该是具备上述六个基本特征的一种美好社会形态，其中人与自然和谐相处是和谐社会的重要特征之一，也是整个人类社会持续发展的基础和前提，它直接制约着人与自然、人与人、人与社会的发展状况。人与自然和谐相处在和谐社会中的表现就是通过发展社会生产力，提高人民的生活水平，同时又不破坏人类赖以生存的自然环境。建设生态良好的和谐社会需要充分认识自然万物的价值，特别是自然对人类生存与发展的价值，要尊重自然、尊重自然规律，切实做到保护环境、节约资源。为此，胡锦涛在 2004 年 3 月的中央人口资源环境工作座谈会上指出："自然界是包括人类在内的一切生物的摇篮，是人类赖以生存和发展的基本

---

① 中共中央文献研究室. 十六大以来重要文献选编（中）[M]. 北京：中央文献出版社，2005：706.

条件。保护自然就是保护人类，建设自然就是造福人类。要倍加爱护和保护自然，尊重自然规律。对自然界不能只讲索取不讲投入、只讲利用不讲建设。发展经济要充分考虑自然的承载能力和承受能力，坚决禁止过度性放牧、掠夺性采矿、毁灭性砍伐等掠夺自然、破坏自然的做法。"① 因此，只有在尊重自然、保护自然的基础上改造自然、利用自然，才能真正实现人与自然的和谐，和谐社会的构建才具有坚实的物质基础和良好的建设环境。

再次，提出构建"两型"社会。环境与资源是社会发展中的两个重要条件，更是推进生态文明，建设美丽中国的基础支撑。面对资源供应趋紧、环境恶化日益严重的形势，胡锦涛在 2005 年的中央人口资源环境工作座谈会上，提出在"高效利用资源、减少环境污染、注重质量效益的基础上，努力建设资源节约型、环境友好型社会"②。同年 10 月，胡锦涛在党的十六届五中全会上指出："要加快建设资源节约型、环境友好型社会，大力发展循环经济，加大环境保护力度，切实保护好自然生态，认真解决影响经济社会发展特别是严重危害人民健康的突出的环境问题，在全社会形成资源节约的增长方式和健康文明的消费模式。"③ 资源节约型社会强调的是整个社会发展以对资源的科学合理利用为基础，其核心内涵是节约资源；环境友好型社会追求的是一种在社会经济繁荣发展的过程中，不仅

---

① 中共中央文献研究室. 十六大以来重要文献选编（上）［M］. 北京：中央文献出版社，2005：853.

② 胡锦涛在中央人口资源环境工作座谈会上强调：扎扎实实做好人口资源环境工作 推动经济社会发展实现良性循环［N］. 人民日报，2005－3－13（1）.

③ 中国共产党十六届五中全会公报［N］. 青年报，2005－10－12（2）.

不对生态环境构成危害，还能有效改善环境的社会形态，其核心内涵是重视社会发展的环境效益。然而，我国资源与环境现状不容乐观，"全国2/3的国有骨干矿山进入中老年期，400多座矿山因资源枯竭濒临关闭；全国受污染耕地多达上千万公顷，1.9亿人饮用水有害物质含量超标，雾霾等极端天气频发；生态系统退化，全国水土流失面积占37%，荒漠化土地占27.4%，生物多样性下降"①。面对我国严峻的资源与环境形势，应该如何通过环境友好型社会建设与资源节约型社会建设实现人与自然的和谐持续发展，以胡锦涛为核心的党中央立足现实、放眼长远，从理论与实践相结合的高度提出，要把"两型"社会建设作为重要的战略任务来抓，要通过努力"实现速度和结构质量效益相统一、经济发展与人口资源环境相协调，使人民在良好生态环境中生产生活，实现经济社会永续发展"②。

　　最后，正式提出建设生态文明。"建设生态文明"的提法第一次出现在国家的政策文件里是在2007年10月党的十七大报告中，时任国家主席的胡锦涛在报告中指出："建设生态文明，基本形成节约能源资源和保护生态环境的产业结构、增长方式、消费模式。……循环经济形成较大规模，可再生能源比重显著上升。……主要污染物排放得到有效控制，生态环境质量明显改善。……生态文明观念

---

① 李军. 走向生态文明新时代的科学指南——深入学习贯彻习近平同志关于生态文明建设系列重要讲话精神 [N] . 人民日报, 2014 - 4 - 23 (7).
② 中共中央文献研究室. 十七大以来重要文献选编（上）[M] . 北京：中央文献出版社, 2009：12.

在全社会牢固树立。"① 这不仅从国家政策与战略高度指明了我国生态文明建设的要求和任务，也为我国生态文明教育的开展提出了目标，即在全社会牢固树立生态文明理念，同时也为生态文明教育的实施提供了政策依据。2012 年 11 月，党的十八大报告进一步指出："建设生态文明，是关系人民福祉、关乎民族未来的长远大计。面对资源约束趋紧、环境污染严重、生态系统退化的严峻形势，必须树立尊重自然、顺应自然、保护自然的生态文明理念，把生态文明建设放在突出地位，融入经济建设、政治建设、文化建设、社会建设各方面和全过程，努力建设美丽中国，实现中华民族永续发展。"② 在这次会议上生态文明建设被列入了"五位一体"的中国特色社会主义事业的总体布局，并且被写入了党章。可见，国家对生态文明建设的重视达到了空前的程度。生态文明建设思想的提出与践行是以胡锦涛为核心的党中央领导集体，在继承我国传统生态文化的优秀成果，借鉴西方生态文明建设的科学理念的基础上，结合我国资源环境的实际情况，富有时代性与创造性地解决人口与资源、环境矛盾的重大举措，是对自然生态规律和社会发展规律认识的深化，同时也彰显了党和国家治理污染、节能减排，走可持续发展道路的决心。

---

① 胡锦涛. 高举中国特色社会主义伟大旗帜　为夺取全面建设小康社会新胜利而奋斗——在中国共产党第十七次全国代表大会上的报告 [M]. 北京：人民出版社，2007：4.
② 胡锦涛. 坚定不移沿着中国特色社会主义道路前进　为全面建成小康社会而奋斗——在中国共产党第十八次全国代表大会上的报告 [M]. 北京：人民出版社，2012：17－33.

总之，胡锦涛作为这一时期党和国家的主要领导人，面对资源约束趋紧、环境污染严重、生态系统退化的严峻形势，高瞻远瞩地提出了科学发展理念，为新时期我国社会主义现代化建设提供了行动指南，特别是为我们在生产生活中正确处理人与自然的关系，走生态文明发展道路指明了方向。同时，他根据我国的现实国情和社会发展状况提出了构建社会主义和谐社会、建设"两型"社会的战略思想，在此基础上奏出了推进生态文明、建设美丽中国的时代最强音。这些思想主张是当前我国开展生态文明教育，提高国人生态文明素质的重要理论根据。

（六）"五位一体"与和谐共生

马克思指出，生产力的概念包括两个部分的内容，其一是社会生产力，其二则是自然生产力。习近平生态文明思想继承和发展了马克思主义关于自然生产力的思想。他指出："保护生态环境就是保护生产力。"这一生态文明思想深刻阐释了生产力与生态环境的联系，并对两者的关系进行辩证分析和阐述。习近平生态文明思想关于"生态环境就是生产力"的理论充分体现了现阶段我国在社会主义现代化建设中生产力的重要性，这一理论是对马克思主义自然生产力理论的新发展。习近平生态文明思想的提出具有丰富的理论基础和现实背景，它的理论背景在于习近平关于生态文明的思想一方面是对马克思主义生态文明思想的继承和发展并对我国生态发展传统的坚持和传承，而且还汲取了人类文明史上关于生态思想的精髓，同时立足于中国基本国情和现实生态环境状况，形成的关于生态文明的思想。自党的十八大以来，新一届国家主席习近平一如既往注重生态文明建设，要求在全社会普及生态文明理念，提高国人的生态文明素质。他不仅从理论上阐释了人与自然的关系，论述了生态文明建设的意义、指导思想和实施策略，而且分析了什么是生态文明、如何建设生态文明等一系列重大战略问题。习近平还提出，"生态兴则文明兴，生态衰则文明衰""绿水青山就是金山银山""保护生态环境就是保护生产力"等重要论断，他主张用最严格的制度和最严密的法治治理环境污染和资源浪费，从制度设计层面为美丽中国建设提供了保障。习近平有关生态文明建设的思想与论断为当前我国开展生态文明教育、普及生态文明理念提供了最直接的思想基础和行动指南。

习近平首次提出既要金山银山，又要绿水青山的观点是在 2005 年的 8 月中旬考察浙江湖州的安吉余村之时。2006 年 3 月，习近平系统论述了实践中人们对"两山"思想之间关系认识的三个阶段。2013 年 9 月习近平在哈萨克斯坦考察时在扎尔巴耶夫大学发表了演讲，在演讲中提出，绿水青山就是金山银山，以及绿水青山重于金山银山的观点。这是对于"两山"思想的再次加强和巩固。可见，"绿水青山就是金山银山"的理念进一步提高和升华，一方面对科学发展观的战略理念进行高度概括；另一方面也将绿色、健康、可持续以及节约资源和保护环境的发展理念充分地体现出来。2015 年 4 月发布的《中共中央国务院关于加快推进生态文明建设的意见》，将绿水青山就是金山银山的理念正式引入国家文件规范中。"大气十条""土十条""水十条"相继出台，2015 年起实施的《中华人民共和国环境保护法》被称为"史上最严的保护法"，反映了党和政府坚决制止和惩处破坏生态环境的决心，也为制止和惩处破坏生态环境行为提供了基本的法律依据。2015 年 11 月 30 日，习近平总书记在巴黎气候变化大会开幕式上的讲话中指出："中国在'国家资助贡献'中提出将于 2030 年左右使二氧化碳排放达到峰值并争取尽早实现，2030 年单位国内生产总值二氧化碳排放比 2005 年下降 60% 至 65%……虽然需要付出艰苦的努力，但我们有信心和决心实现我们的承诺。"这正突出了"两山"思想的重要性，"两山"思想是与时俱进的生态文明发展理念，是当代中国化马克思主义发展理论的重要创新成果。同时，"两山"这一生态文明思想是十八大以来"五位一体"总体布局中生态文明建设的核心思想，它不仅指导着过去，还指导着生态文明的未来。

人类的实践活动发展离不开物质生产，社会物质生产离不开资源的投入与消耗，而这些被消耗的资源都源于大自然。我们不能像以前那样片面地认识和对待大自然，认为人是大自然的主人，人可以主宰自然并可以对大自然随意的破坏和肆意的掠夺。相反，我们应该清醒地认清生态环境状况每况愈下的严重形势，人类如果继续任性地破坏生态，最终只会自掘坟墓。党的十九大指出："坚持人与自然和谐共生。建设生态文明是中华民族永续发展的千年大计。必须树立和践行"绿水青山就是金山银山"的理念，坚持资源节约和保护环境的基本国策，像对待生命一样对待生态环境，统筹山水林田湖草系统治理，实行最严格的生态环境保护制度，形成绿色发展方式和生活方式，坚定走生产发展、生活富裕、生态良好的发展道路。"坚持以人为本的理念是为人们提供良好的生存环境的基本要求。一旦人类赖以生存的环境遭到破坏，那么百姓就不能安居乐业。"两山"思想正是立足于我国基本国情，以绿色发展理念为指导，要求我们从"黑色发展"转向绿色发展，从"线性发展"转向循环发展，从"高碳发展"转向低碳发展。将"两山"思想中的绿色发展理念真正落实到社会发展实践中去，在保护好我们的绿水青山的前提下，更好地去创造金山银山。习近平生态文明思想重点指出，"环境治理是一个系统工程，必须作为重大民生实事紧紧抓在手上"，民生问题的重要环节就是紧抓环境保护和环境治理的落实。所以，生态环境的保护和良好态势的保持是首要任务，坚决反对以 GDP 论英雄，要发展资源消耗低、生态效益高的经济道路，用牺牲生态环境换取经济效益是不健康的发展，没有良好的生态环境，就不会有经济持续健康发展。大自然给予我们物质资源，经济健康持续的发展取决于生态环境的良好态势的保持，人们保护生态环境，就是维持经济健康的发展。

习近平生态文明思想具有重要价值和意义。习近平生态文明思想的理论价值在于不仅丰富和发展了马克思主义关于生态文明的思想和中国化马克思主义的生态文明思想，并且拓展了古代中国传统文化关于生态的思想。它的实践意义在于推进国家产业结构调整、推进生态治理现代化、推进生态文化发展、推进美丽中国建设和推进人类命运共同体的构建。习近平生态文明思想为解决人类生存的生态环境与社会发展之间的矛盾问题和建设良好的绿色、健康、持续的生态发展道路指明了方向。祖国的大好河山是大自然赋予我们的礼物，是我们生存与发展的依靠和支撑，脱离祖国的绿水青山，也就会失去金山银山，更谈不上人类的进步与发展。所以，我们要用实际行动保护大自然，要在保护生态的前提下发展经济，保护好绿水青山，充分发挥生态环境的重要作用，有效地实现绿水青山向金山银山的转化。习近平关于生态文明的思想是以顺应自然和保护生态为出发点和落脚点的，其核心内容是自然界作为人类生产和发展的根本，指导经济绿色、有序、循环发展，实现社会安定、百姓生活幸福和良好的生态环境，最终达到人和自然和谐发展的目的。

纵观国内外生态文明教育思想的产生和发展及主要代表观点，可以看出，生态文明与人类发展息息相关，两者是相辅相成、不可分割的关系，良好的生态文明有利于促进人类的不断发展，人类要想更好地发展也必然要促进生态文明向更高的水平发展，而促进生态文明不断发展的重要手段就是要持续加强生态文明教育，包括不断探索生态文明教育的有效方法、构建生态文明教育的体系、不断搭建生态文明教育的载体平台等，在这些方面还需要不断深入探索和广泛实践。

第三章 大学生生态文明教育的现状调研

第一节 调研方法及指标体系构建

采取网络问卷调查、抽样调查的方式，以在校大学生为对象，开展大学生生态文明教育现状的调研。以黑龙江省为例，我们选取了哈尔滨工程大学、哈尔滨师范大学、东北林业大学、哈尔滨体育学院、黑龙江东方学院五所在哈高校进行问卷调查。这五所高校中包括中央部署重点大学两所，即哈尔滨工程大学、东北林业大学，其余三所为省属高校；包括民办高校一所，即黑龙江东方学院，其余四所为公办高校；包括理工类、师范类、林业类、体育类等各具专业特色的高校，具有一定代表性。

使用问卷星平台填写网络调查问卷，共回收问卷 1671 份，通过基本信息的检测，排除有明显与实际不符的问卷后，判定为有效问卷 1660 份，无效问卷 11 份，有效率 99.34% 。

　　问卷基本信息部分包括所在高校名称、性别、所在年级、专业类别、政治面貌五项。问卷主体内容划分为学生对生态文明的认知、生态文明的认同、生态文明教育、生态文明的践行四个维度，每个维度设置 3 至 6 个观测点，问卷共 25 题，均为单项选择题。问卷指标体系如表 3 - 1 所示。

表 3 - 1　问卷指标体系

1. 生态文明的认知	1.1 生态文明的关注度
	1.2 生态文明含义的了解度
	1.3 基本知识的掌握情况
2. 生态文明的认同	2.1 生态保护的重要程度
	2.2 人与自然的关系
	2.3 经济发展与生态保护的关系
	2.4 大学生消费与生态文明的关系
	2.5 生态文明与人的全面发展的关系
	2.6 生态文明与自身的关系
3. 生态文明教育	3.1 生态文明课程
	3.2 思政理论课与生态文明的关系
	3.3 生态文明活动参与
	3.4 生态文明社团组织
4. 生态文明的践行	4.1 购物方面
	4.2 能源使用方面
	4.3 垃圾处理方面
	4.4 生态文明宣传方面
	4.5 生活中的生态文明习惯

第二节　指标体系各维度调查数据

一、调研样本构成数据

五所高校有效问卷数量及所占比例见表3-2、图3-1，各高校问卷数量大体是均衡的。

表3-2　各高校问卷数量

高校名称	数量
哈尔滨工程大学	353
东北林业大学	373
哈尔滨师范大学	338
哈尔滨体育学院	313
黑龙江东方学院	283
合计	1660

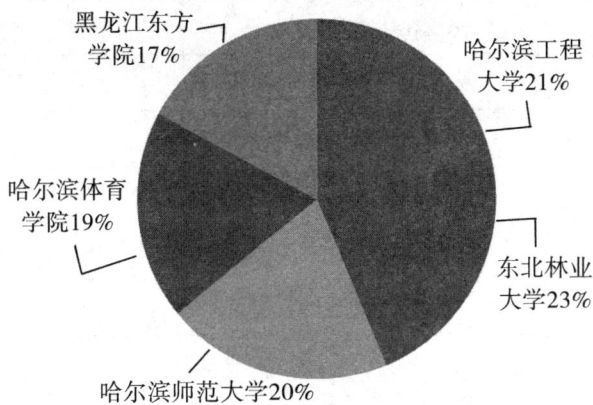

图3-1　各高校问卷比例

学生性别数据见表3-3、图3-2，男生和女生比例接近1:1。

表3-3 性别数量

您的性别是	数量
男	840
女	820

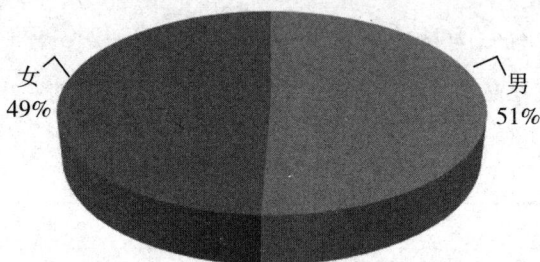

图3-2 性别比例

学生所在年级数据见表3-4、图3-3，大一至大四年级分布相对均衡，有个别同学不在大一至大四，也属正常情况。

表3-4 各年级问卷数量

您所在年级是	数量
大一	406
大二	423
大三	364
大四	456
其他	11

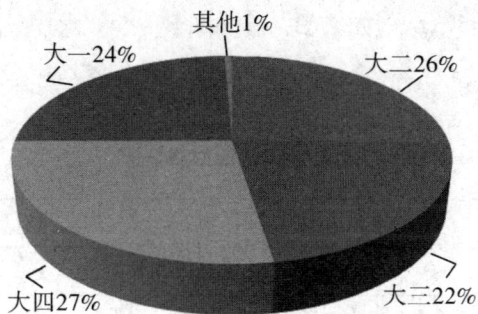

图 3 - 3　各年级问卷比例

所在专业类别数据如表 3 - 5、图 3 - 4，理工类专业占半数以上，其余几类专业也有一定比例。

表 3 - 5　各类专业数量

您所在专业类别是	数量
理工类	881
经济学、管理学	168
哲学、法学、文学、历史学	167
农林类	134
医学	25
其他	285

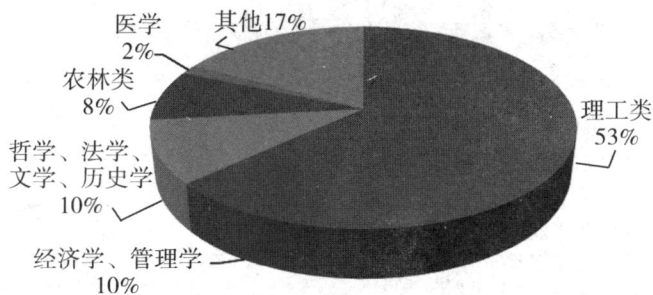

图 3 - 4　各类专业比例

学生政治面貌情况如表 3 - 6、图 3 - 5，党员占有效问卷数的 10%，团员占 85%，群众占 5%，比较符合高校实际的比例情况。

表 3 - 6 政治面貌情况

您的政治面貌是	数量
共青团员	1403
中共党员或预备党员	171
群众	86

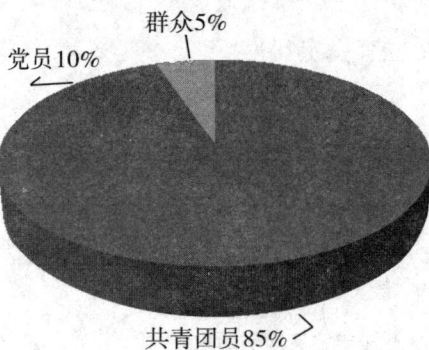

图 3 - 5 政治面貌情况

二、生态文明认知维度的调查数据

生态文明的关注度这一观测点数据如表 3 - 7、图 3 - 6 所示，包括关注、比较关注、高度关注在内的整体关注度达到 87%，关注度较高。

表 3 - 7 生态文明的关注度

您平时对于生态环保方面的信息	数量
高度关注	297
比较关注	807

续表

您平时对于生态环保方面的信息	数量
关注	343
不太关注	193
不关注	20

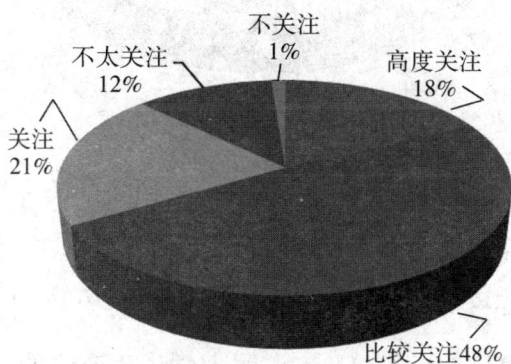

图 3 - 6 生态文明的关注度

生态文明含义的了解度这一观测点，数据如表 3 - 8、图 3 - 7 所示，自认为非常了解或比较了解生态文明含义的大学生仅占 52%，说明大学生对生态文明含义的了解程度还不够。

表 3 - 8 生态文明含义的了解度

您知道生态文明的含义吗	数量
非常了解	187
比较了解	674
一知半解	699
仅听说过而已	82
没听说过	18

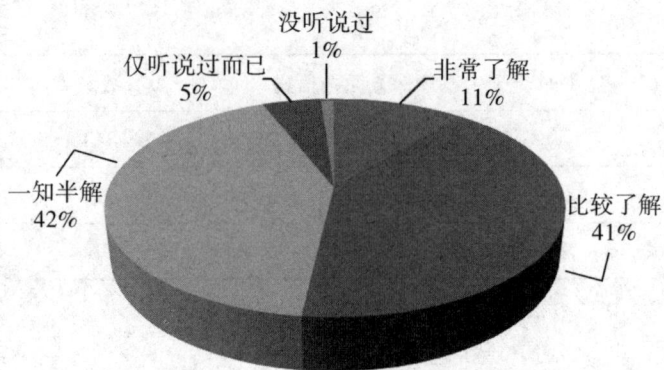

图3-7　生态文明含义的了解度

　　基本知识的掌握情况这一观测点，采用答题的方式来观测，设置了三道关于生态文明基本常识的单选题请学生作答，数据如表3-9至表3-11、图3-8至图3-10。三道题答对比例分别为64%、49%、52%，整体在半数左右，说明大学生生态文明基本知识掌握程度不够。

表3-9　问题1回答情况

世界环境日是哪天	数量
5月5日	319
6月5日	1056
7月5日	153
8月5日	132

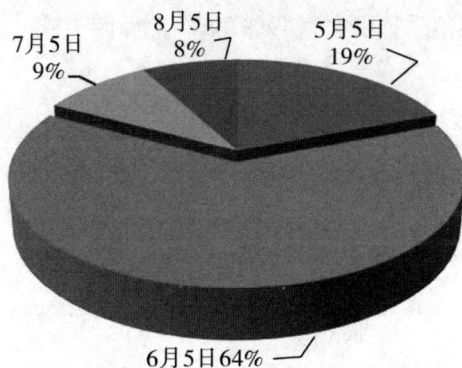

图 3 – 8　问题 1 回答情况

正确答案为 6 月 5 日，64% 的学生回答正确。

表 3 – 10　问题 2 回答情况

哪次党代会把生态文明建设纳入"五位一体"总体布局	数量
十六大	131
十七大	327
十八大	811
十九大	391

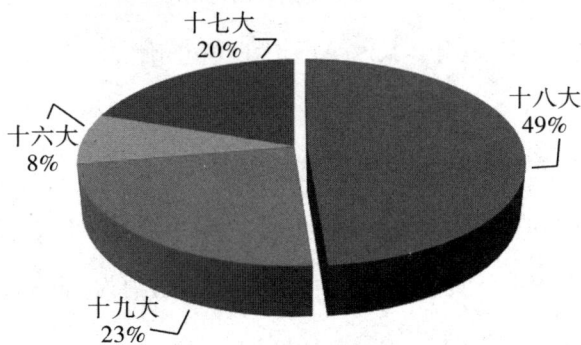

图 3 – 9　问题 2 回答情况

正确答案为党的十八大，49%的学生回答正确。

表3-11 问题3回答情况

《中华人民共和国环境保护法》于哪年首次颁布	数量
1978 年	210
1989 年	868
2014 年	519
2017 年	63

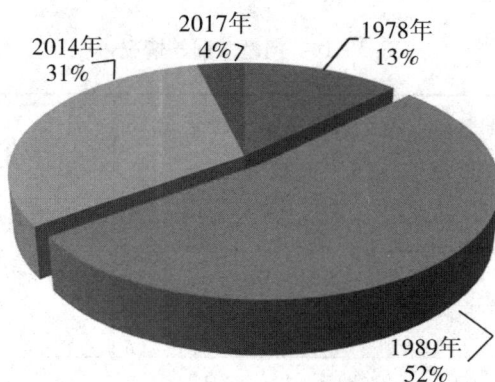

图3-10 问题3回答情况

正确答案为1989年，52%的学生回答正确。

三、生态文明认同维度的调查数据

生态保护的重要程度这一观测点数据如表3-12、图3-11所示，包括非常重要、比较重要、重要在内的比例为98.92%，说明大学生对生态保护的重要性是高度认同的。

表 3 – 12 生态保护的重要程度调查数据

您认为保护生态环境	数量
非常重要	1366
比较重要	189
重要	87
不太重要	8
不重要	10

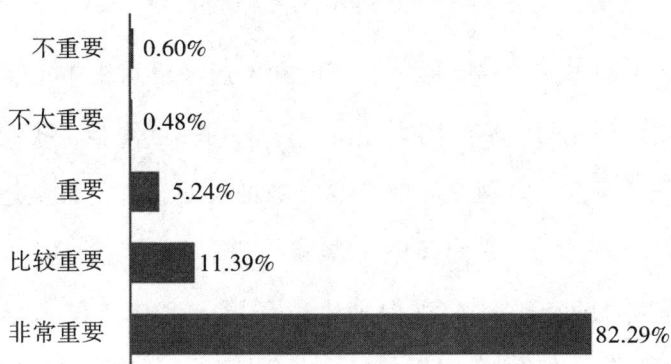

图 3 – 11 生态保护的重要程度调查数据

关于人与自然的关系这一观测点数据如表 3 – 13、图 3 – 12，82.95％的大学生认同人与自然和谐共处的观点，认同度较高。

表 3 – 13 人与自然的关系调查数据

您认为人与自然的关系用哪一种表述更合适	数量
人与自然和谐共处	1377
人类的生存依赖于自然	181
人类的行为受到大自然的约束	69
人类可以改造自然	22
人定胜天	11

人定胜天 0.66%

人类可以改造自然 1.33%

人类的行为受到大自然的约束 4.16%

人类的生存依赖于自然 10.90%

人与自然和谐共处 82.95%

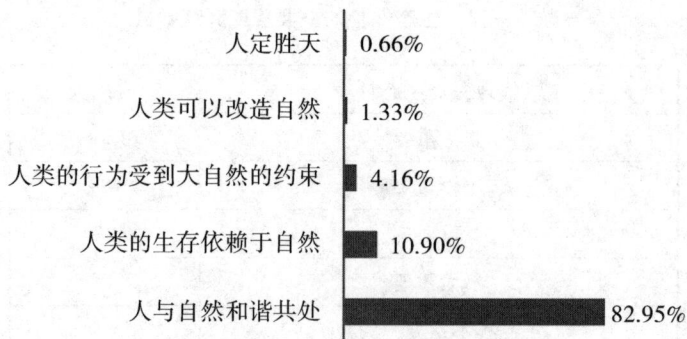

图 3 – 12　人与自然的关系调查数据

习近平同志强调，保护生态环境和发展经济从根本上讲是有机统一、相辅相成的。不能因为经济发展遇到一点困难，我们就开始动铺摊子上项目、以牺牲环境换取经济增长的念头，甚至想方设法突破生态保护红线。我们要坚决摒弃"先污染、后治理"的老路，在发展经济的过程中，必须保护生态环境。72.05% 的大学生认同"在发展经济的过程中，必须保护生态环境"这一观点，认同度有待提高，见表 3 – 14、图 3 – 13。

表 3 – 14　经济发展与生态保护关系调查数据

您认为经济发展与生态保护之间的关系是	数量
在发展经济的过程中，必须保护生态环境	1196
根据国际环境和国情社情，调整经济发展与生态保护的优先级	383
生态保护影响经济发展	64
经济发展优先于生态保护	11
没有想法	6

没有想法	0.36%
经济发展优先于生态保护	0.66%
生态保护影响经济发展	3.86%
根据国际环境和国情社情，调整经济发展与生态保护的优先级	23.07%
在发展经济的过程中，必须保护生态环境	72.05%

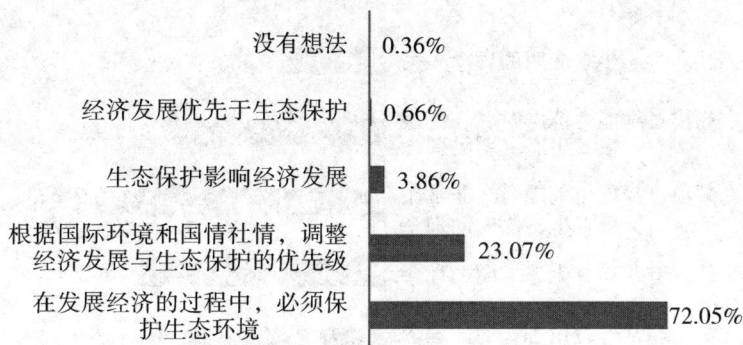

图 3 - 13　经济发展与生态保护关系调查数据

大学生消费与生态文明的关系这一观测点数据如表 3 - 15、图 3 - 14。购买高价消费品、网贷行为可以理解为高消费、超前消费行为，在一定程度上造成资源的过度消耗，对于大学生来说是不应提倡的，有 9.46% 的大学生认为高消费、网贷行为与生态文明无关，20.72% 的大学生认为超出自身能力的消费行为有些违背生态文明的理念，27.59% 的大学生认为超出自身能力的消费行为非常违背生态文明的理念，23.25% 的大学生认为这样的高消费、超前消费行为有些违背生态文明理念，18.98% 的大学生认为这样的高消费、超前消费行为非常违背生态文明理念。

表 3 - 15　消费与生态文明的关系调查数据

您认为大学生购买高价消费品、网贷等行为与生态文明理念的关系	数量
非常违背生态文明的理念	315
有些违背生态文明的理念	386
在超出自身能力范围时，非常违背生态文明的理念	458
在超出自身能力范围时，有些违背生态文明的理念	344
与生态文明的理念无关	157

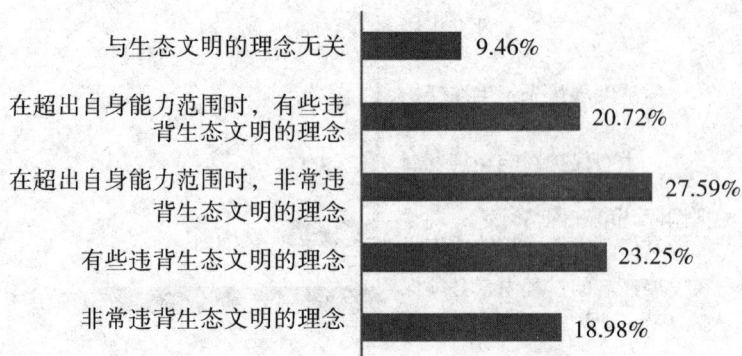

与生态文明的理念无关 9.46%

在超出自身能力范围时，有些违背生态文明的理念 20.72%

在超出自身能力范围时，非常违背生态文明的理念 27.59%

有些违背生态文明的理念 23.25%

非常违背生态文明的理念 18.98%

图3－14 消费与生态文明的关系调查数据

生态文明观念、生态文明行为与人的全面发展是密不可分的。生态文明与人的全面发展的关系这一观测点数据如表3－16、图3－15所示。有8.61%的大学生认为生态文明与人的全面发展有一定关系，21.51%的大学生认为生态文明与人的全面发展关系比较密切，68.61%的大学生认为生态文明与人的全面发展关系非常密切。

表3－16 生态文明与人的全面发展关系调查数据

您认为生态文明与人的全面发展的关系是	数量
非常密切	1139
比较密切	357
有一定关系	143
几乎没有关系	11
没关系	10

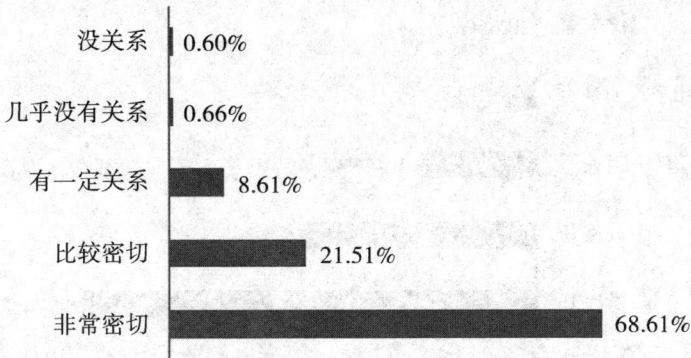

图 3 - 15　生态文明与人的全面发展关系调查数据

生态文明与自身的关系这一观测点数据如表 3 - 17、图 3 - 16 所示，有 14.46% 的大学生认为生态文明建设与自身有一定关系，28.73% 的大学生认为生态文明建设与自身关系比较密切，54.94% 的大学生认为生态文明建设与自身关系非常密切。

表 3 - 17　生态文明建设与自身的关系调查数据

您认为生态文明建设与您自身的关系是	数量
非常密切	912
比较密切	477
有一定关系	240
几乎没有关系	20
没关系	11

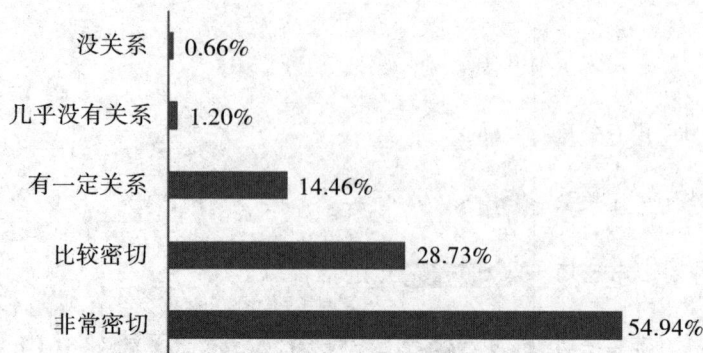

没关系　0.66%

几乎没有关系　1.20%

有一定关系　14.46%

比较密切　28.73%

非常密切　54.94%

图 3 - 16　生态文明建设与自身的关系调查数据

四、生态文明教育维度的调查数据

生态文明课程这一观测点数据如表 3 - 18、图 3 - 17 所示。15.42% 的大学生表示本校开设了专门的生态文明方面的必修课，16.14% 的大学生表示本校开设了与此相关的必修课，27.95% 的大学生表示本校开设了与此相关的选修课，12.71% 的大学生表示本校没有开设相关课程；27.77% 的大学生不清楚本校是否开设相关课程。

表 3 - 18　生态文明课程调查数据

您所在学校开设生态文明相关的课程了吗	数量
开设了专门的必修课	256
开设了与此相关的必修课	268
开设了与此相关的选修课	464
没开设相关课程	211
不清楚	461

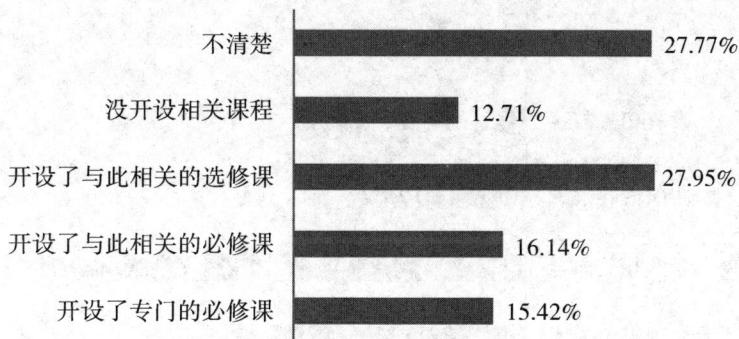

图 3 – 17　生态文明课程调查数据

　　思政理论课与生态文明的关系这一观测点数据如表 3 – 19、图 3 – 18 所示。29.88% 的大学生表示思政理论课中讲述了很多生态文明相关内容，47.71% 的大学生认为思政理论课中讲述了一些生态文明相关内容，10.72% 的大学生认为思政理论课中与生态文明相关相关内容很少，3.31% 的大学生认为没有相关内容，8.37% 的大学生表示不清楚。

表 3 – 19　思政课中讲述生态文明情况调查数据

您所在高校思想政治课中讲述了生态文明相关内容吗？	数量
有很多相关内容	496
有一些相关内容	792
相关内容很少	178
没有相关内容	55
不清楚	139

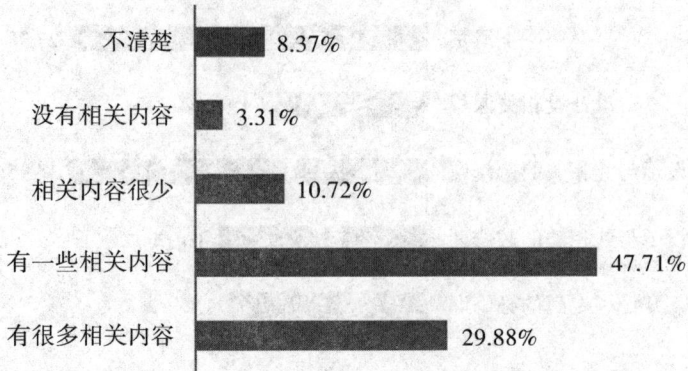

图3-18　思政课中讲述生态文明情况调查数据

是否参加过学校组织的关于生态文明建设的活动这一观测点数据如表3-20、图3-19所示。18.19%的大学生经常参加学校组织的生态文明建设的相关活动,29.88%的大学生表示有时参加,24.34%的大学生表示偶尔参加,15.84%的大学生表示基本没参加,11.75%的大学生表示没参加过。

表3-20　参与生态文明活动情况

您参加过学校组织的关于生态文明建设的活动吗?	数量
经常参加	302
有时参加	496
偶尔参加	404
基本没参加	263
没参加	195

没参加 11.75%

基本没参加 15.84%

偶尔参加 24.34%

有时参加 29.88%

经常参加 18.19%

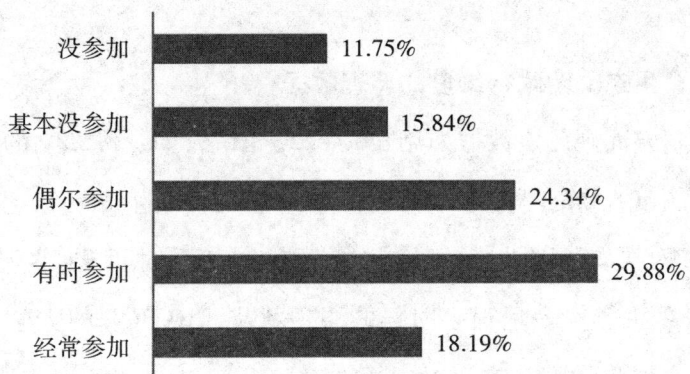

图 3 - 19 参与生态文明活动情况

生态文明社团组织这一观测点数据如表 3 - 21、图 3 - 20 所示。55.06% 的大学生认为本校有生态文明相关社团组织，12.71% 的大学生认为本校没有生态文明相关社团组织，32.23% 的大学生不知道本校是否有生态文明相关社团组织。

表 3 - 21 生态文明社团组织情况调查数据

您所在学校有生态文明相关的社团组织吗?	数量
有	914
没有	211
不知道	535

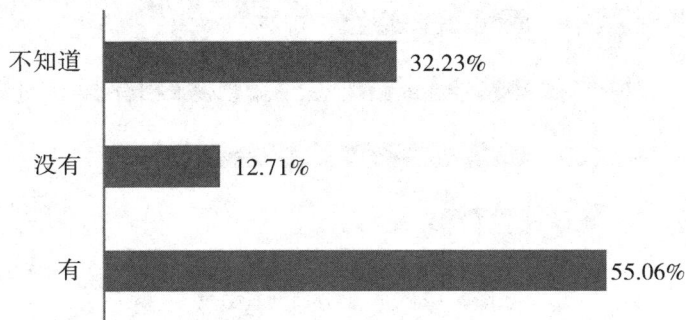

不知道 32.23%

没有 12.71%

有 55.06%

图 3 - 20 生态文明社团组织情况调查数据

五、生态文明践行维度的调查数据

购物方面观测点数据如见表 3 - 22、图 3 - 21。8.55% 的大学生表示在超市购物时不购买塑料袋，29.16% 的大学生表示在超市购物时很少购买塑料袋，36.51% 的大学生表示时而购买塑料袋，15.42% 的大学生表示很多时候购买塑料袋，10.36% 的大学生表示几乎每次都购买塑料袋。

表 3 - 22　购物方面调查数据

在购物时，您会从超市购买塑料袋吗？	数量
不买	142
很少购买	484
时而购买	606
很多时候购买	256
几乎每次都买	172

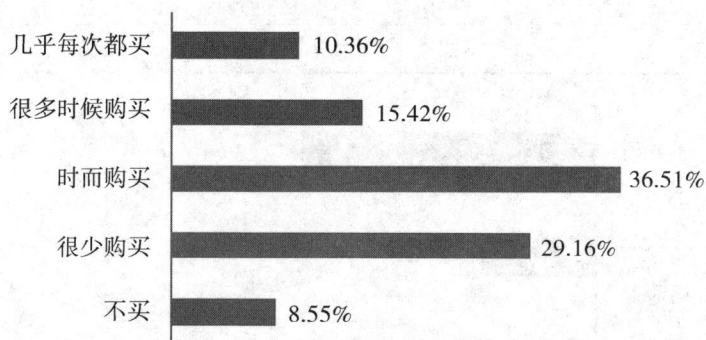

图 3 - 21　购物方面调查数据

能源使用方面数据如表 3 - 23、图 3 - 22 所示，30.96% 的大学生在使用完电脑或手机充电后每次都会切断电源，29.64%的大学生通常都会切断电源，20.78%的大学生有时会切断电源，18.62%的大学生不会或很少会切断电源。

表 3 − 23　能源使用方面调查数据

使用完电脑或手机充电后，您会马上切断插头电源吗？	数量
每次都会	514
通常都会	492
有时会	345
很少会	201
不会	108

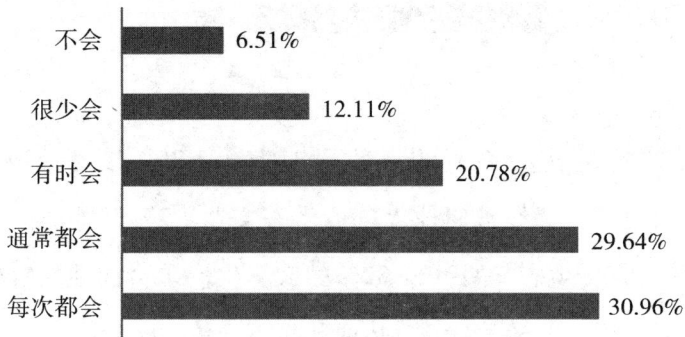

图 3 − 22　能源使用方面调查数据

　　垃圾处理方面观测点数据如表 3 − 24、图 3 − 23 所示。19.52%的大学生平时每次都会将垃圾分类处理，28.80%的大学生通常都会将垃圾分类处理，24.04%的大学生有时会将垃圾分类处理，27.65%的大学生不会或很少会将垃圾分类处理。

表3-24 垃圾处理方面调查数据

您平时会将垃圾分类处理吗?	数量
每次都会	324
通常都会	478
有时会	399
很少会	304
不会	155

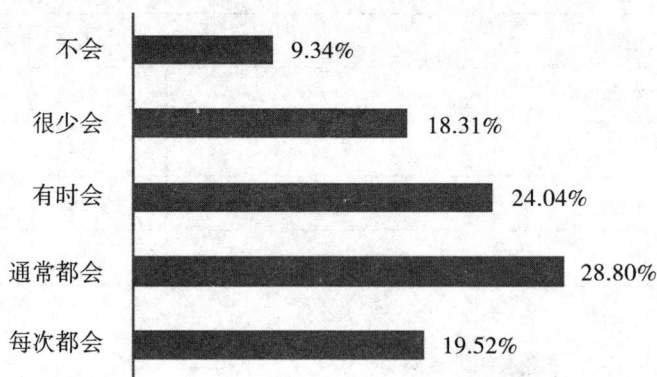

图3-23 垃圾处理方面调查数据

生态文明宣传方面观测点数据如表3-25、图3-24所示。18.55%的大学生会经常向他人宣传生态文明,27.71%的大学生有时会向他人宣传生态文明,29.82%的大学生偶尔会向他人宣传生态文明,23.92%的大学生没有宣传或几乎不宣传。

表3-25 生态文明宣传方面调查数据

您向他人宣传生态文明吗?	数量
经常这样做	308
有时这样做	460
偶尔这样做	495

您向他人宣传生态文明吗？	数量
几乎不宣传	249
没做过	148

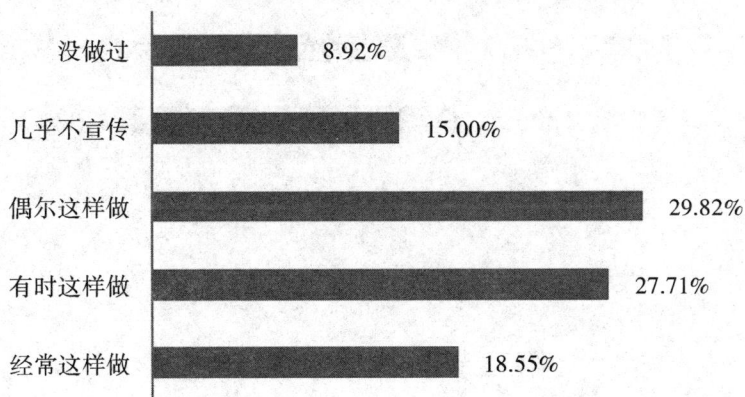

没做过　　　8.92%

几乎不宣传　　　15.00%

偶尔这样做　　　29.82%

有时这样做　　　27.71%

经常这样做　　　18.55%

图 3 – 24　生态文明宣传方面调查数据

生活中生态文明习惯观测点数据如表 3 – 26、图 3 – 25 所示。38.13% 的大学生认为自己在衣食住行等方面是绿色低碳、勤俭节约的，32.71% 的大学生认为自己在衣食住行等方面是偏向于低碳、节俭的，22.95% 的大学生认为自己处于中等水平，6.2% 的大学生认为自己有高消费的情况。

表 3 – 26　生活中生态文明习惯调查数据

您平时在衣、食、住、行等方面	数量
绿色低碳、勤俭节约	633
偏向于低碳、节俭	543
中等	381
时而有高消费情况	83
追求高品质高消费	20

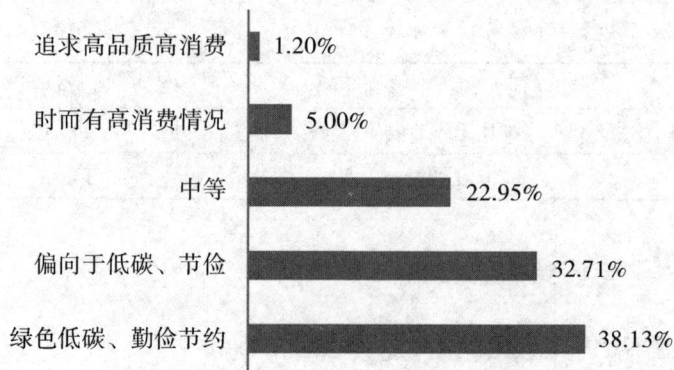

图 3 - 25 生活中生态文明习惯调查数据

第三节 调研结果分析

一、调研数据处理

问卷除第一部分为基本信息之外，第二至第五部分分别是考察大学生生态文明的认知度、认同度、教育程度及践行度，除第 20 题不参与分数计算外，其他题均为计分的观测点，采取五级评分的方式，选项按程度从低到高分别赋值为 1 至 5 分（个别题除外），采取每一个维度中各观测点权重相等的方式计算分数，可得出大学生生态文明认知度、认同度、教育程度及践行度四个维度的得分。在生态文明认知度这个维度中，第 8 至 10 题这三题同为"生态文明基本知识掌握"这一观测点，采取按答对数量计分的方式进行，三题都答对计 5 分，答对两题和一题分别按比例减分，得到表 3 - 27。

表 3 - 27　各指标调查分数

二级指标	二级指标得分	一级指标	一级指标得分
1.1 生态文明的关注度	3.70	1. 生态文明的认知	3.34
1.2 生态文明含义的了解度	3.56		
1.3 基本知识的掌握情况	2.75		
2.1 生态保护的重要程度	4.74	2. 生态文明的认同	4.38
2.2 人与自然的关系	4.74		
2.3 经济发展与生态保护的关系	4.66		
2.4 大学生消费与生态文明的关系	3.22		
2.5 生态文明与人的全面发展的关系	4.57		
2.6 生态文明与自身的关系	4.36		
3.1 生态文明课程	2.79	3. 生态文明教育	3.44
3.2 思政理论课与生态文明的关系	3.87		
3.3 生态文明活动参与	3.27		
3.4 生态文明社团组织	3.85		
4.1 购物方面	3.10	4. 生态文明的践行	3.48
4.2 能源使用方面	3.66		
4.3 垃圾处理方面	3.31		
4.4 生态文明宣传方面	3.32		
4.5 生活中生态文明习惯	4.02		

二、调研结论

大学生对生态文明的认知度得分为 3.34 分，对生态文明的认同度得分为 4.38 分，生态文明教育情况得分为 3.44 分，生态文明的践行度得分为 3.48 分。上述四个维度中，除对生态文明的认同度较高之外，其他三个维度得分都不高，均在 3.5 分以下，尤其是基本知识掌握情况、生态文明课程开设情况两个观测点得分均低于 3 分。这在一定程度上反映了高校生态文明教育开展不足的现实情况。

第四章　大学生生态文明教育的体系构建

第一节　大学生生态文明教育遵循的原则

关于生态文明教育的内涵学术界尚未形成统一的界定。通过对于目前研究文献的整理，我们发现学者普遍认为，生态文明教育是为了实现人与自然的和谐发展，按照国家对于生态文明建设的规划和要求，进行的有目的、有计划、有组织的教育培养活动。一方面是要从规范、规则、制度入手进行约束；另一方面要进行内心的认同教育。生态可以指整个地球的生命支持系统以及人与自然的关系，也可以具体到生活方式，比如家庭中的饮食消费观念和习惯是否维护了自身、环境以及他人的健康。文明可以指与农业文明、工业文明相提并论的新的人类生存方式和精神文化的总和，也同时涉及与日常生活相关的恒久主题的讨论，比如对人工智能、基因工程的科学发展和伦理意义如何进行平衡的认识，在对文明的认知、认识、认同过程中还包括文化观念的碰撞与借鉴。教育可以指整个文化传承的体系和组织形式，也可以指具体的知识，或者指知识与生命之间的关系，比如山川、河流、花草、树木、食物等让我们的生命体与自然界直接联系的媒介给我们的启示。生态文明教育在教育过程中是将环境教育与可持续发展教育进行深入、全面、具体、高层次融合的教育活动，吸收了环境教育、可持续发展教育的成果，把教育提升到改变人们基本生活方式的高度以及改变整个文明方式的高度。生态文明教育的内涵需要我们在与自然的关系探索中不断去进行界定和完善。

高等院校是培养和锻炼优秀人才的大本营，良好的高校教育会促进国家综合国力的提升以及经济的可持续发展。当代大学生作为国家未来的建设者，肩负着历史和时代的重任，其生态文明素质教育的水平会对我国甚至全球的生态文明发展产生深远的影响。作为生态文明教育的主体之一，大学生是生态文明观念的传播者、实践者、推动者和引领者。首先，大学生作为生态文明观念的传播者，是有理想、有激情的群体，他们思维活跃，易于接受新鲜事物和思想。这一优势有利于将生态文明观念有效、广泛传播，影响和带动周围群众和社会公众积极了解生态文明的基本内涵、历史背景、发展阶段、建设要求等，使广大社会群体能够深刻认识和理解生态文明在实现中华民族伟大复兴中国梦中的重要地位与作用，以及生态文明观念与生活、工作、学习密不可分的关系。但不可否认，目前的现实情况是，大学生生态文明教育迟滞于社会发展，虽然很多高校设置了以环境科学为背景的生态环境教育专业以及课程，但相对于其他学科还未曾确立其应有的地位，很多高校尚未把大学生生态道德素质教育、环境科学素质、工程伦理素质教育写入培养方案，这些反映了大学生生态文明教育在教育体系中的薄弱，具体体现在对大学生生态文明教育传播方式呈现滞后性，即大学生关注并意识到热点、难点、重大、重点的生态环境问题往往是通过网络、电视、手机等其他媒体渠道。我国高等教育在这方面的缺失与全社会亟须加强生态文明教育的客观需要是极不相符的。其次，大学生作为生态文明建设的实践者，在开展绿色环保、生态建设、环境保护等社会实践活动中有创意、有激情，便于大学生深入学习生态文明理念，将理论知识转化成有效行动，在实践中学习，提高自身对生态文明的认识，用理论指导实践、用实践增长本领，将生态文明建设自然而然地融合到实践行动中。然而目前高校开展的大学生生态文明教育都仅仅停留在生态环保知识和法规的普及和宣传上，重视环保问题现象的讲述，轻视生态问题理论的剖析，把以简单和基本的环境保护知识讲授为主的教育错认为生态文明教育，在教育过程中强调自然是能够被认知和征服的，没有对人类认识自然的力量的局限性和破坏性做充分的诠释。这种带有随意性、缺乏连贯性的高校生态文明教育，对大学生的行为方式产生直接的影响。再次，大学生作为生态文明创新的推动者，要用辩证和发展的眼光去认识和理解生态文明建设，在生态文明基本理念、主要内涵、建设目标等方面不断加以完善和创新，使生态文明更符合经济建设和社会进步的要求，从而为人类文明的延续和人类社会的发展做出积极贡献。最后，大学生作为生态文明发展的引领者，始终代表所处时代社会进步的方向，只有站在时代发展和社会进步的历史高度来推动和引领生态文明建设，为生态文明建设不断注入青春血液、贡献青春力量，才能带动更多人投身生态文明建设，生态文明才能在全社会、全民族的共同努力下得以实现和发展。在对大学生进行生态文明教育的过程中要根据大学生这一传播者、实践者、推动者和引领者的角色，保持基本的教育原则。事实上，许多人受到的生态文明教育是远远不够的，只有小部分人受到了充分的教育，但是他们的理解程度可能也只是简单地停留在理论知识层面上，而付诸实际行动的极少，这对提高大学生的生态文明素质会造成不良影响，而且也不利于生态保护事业的开展，因此，高等教育要迎合建设和谐社会的潮流，重视生态文明教育。

随着党的十九大的召开，中国正式走进了中国特色社会主义新时代，正如十九大提出了"中国特色社会主义进入新时代，我国社会主要矛盾已经转化为人民日益增长的美好生活需要和不平衡不充分的发展之间的矛盾"的战略判断一样，如今的中国更注重的是人民的生活品质，美好生活需要包含了对于美好环境的生态文明建设的需要。① 我们要建设和实现的现代化不仅是经济、政治、国防和科学技术的现代化，而且是人与自然和谐共生的现代化。生态文明建设也因此成为解决中国特色社会主义新时代主要矛盾的重要抓手。

---

① 习近平. 决胜全面建成小康社会　夺取新时代中国特色社会主义伟大胜利——在中国共产党第十九次全国代表大会上的报告［M］. 北京：人民出版社，2017.

良好的生态环境不仅是最普惠的民生福祉，而且是人民美好生活的增长点、经济社会持续健康发展的落脚点。习近平指出：环境就是民生，青山就是美丽，蓝天也是幸福，绿水青山就是金山银山。改善生态环境是人民群众迫切的愿望，生态文明建设不仅为改善生态环境提供了一条文明发展的道路，而且，为改善人民生活奠定了基础。没有生态文明建设，就不可能有真正意义上的美丽中国和新时代中国特色社会主义。而大力推进生态文明建设，就是在相当程度上实现美丽中国和夺取新时代中国特色社会主义伟大胜利。生态文明建设不仅是改善人民生活的重要途径，而且成为实现美丽中国、决胜全面建成小康社会和创新制度与政策的切入点。生态文明建设是关系中华民族永续发展的根本大计。改革开放以来，生态文明建设得到了我国四代领导人的高度重视，特别是在十八大将建设生态文明提到了前所未有的高度，习近平在十九大报告中对生态文明建设做了进一步的强调，甚至在修改党章的时候把建设富强、民主、文明、和谐、美丽的中国写入党的基本路线。把"美丽"两个字加上，跟生态文明建设保持一致，并为中国的生态文明建设指明了未来的目标与方向。

一、大学生生态文明教育的包容原则

包容原则是指在生态文明教育中，应充分拓宽视野，以包容性思维贯穿教育全过程，对生命和生存权利的尊重是包容性原则的根本内核。坚持包容性原则，首先要激发教育对象对其他自然存在物生存发展权的尊重，引发其对和谐自然环境的热爱和向往；同时，还要在掌握好基本的思想政治教育方向的前提下，对不同的见解、看法甚至价值理念加以理解，并对其中的先进思想和可行方法适当吸收借鉴，避免对立性思维。马克思在看待人与自然的关系时，认为人是自然界的产物，是属于环境且与环境一同发展的。但是，人作为一种自然、感性的存在，与动植物一样，会受到其他方面的限制，也就是说他的欲望是存在于他以外的，这种辩证关系凸显了人与自然之间相互联系、相互制约的关系。而在实际社会发展过程中，人们过多地利用和改造自然环境，过于注重经济发展而忽略了自然环境的保护，导致生态环境越来越恶劣。因此包容原则是要求人们从内心上认同自身与自然，以及人与人之间的共存、共生、共荣、共损关系。

坚持包容原则有着深刻的理论和现实意义。首先，在生态文明教育中，包容原则由文明的本质属性和发展需求所决定。文明是人类文化的最高要求，其本身应是包容广泛的，对多种多样的客观因素和主观自我认定进行包容是其得以延续的内在前提，从工业文明向生态文明的转变就是文明向包容的复归。大学生正处于思维活跃的黄金时期，包容原则能够帮助他们在学习过程中感受到生态文明的深层魅力，带有包容性的生态文明教育不仅迎合了他们的表达欲和好奇心，也能够对生态文明教育的发展理念进行充分的实践。其次，包容原则是生态文明教育对传统文化的适应和传承。中华文明的延绵得益于庞大的人口基数、肥沃的土地和富庶的资源，这样的基础条件为现代生产力系统输送着不竭的独立实体要素。中华民族在这片土地上繁衍、发展、壮大、辉煌，但在近代工业发展过程中，系统性的生态思想缺乏、消费主义的极度盛行、对 GDP 的片面追求，给国家的发展带来了新危机，也给中华文明的发展提出了新挑战。包容原则是能够体现中国特色生态文明教育的原则，它奠定了社会主义生态文明教育的谦和基调，赋予了生态文明教育强大的吐故纳新能力，彰显着中国特色生态文明教育的广阔发展空间和巨大潜能。再次，包容原则是对于人的需求层次的广泛关注。马克思在《资本论》中指出："社会化的人，联合起来的生产者，将合理地调节他们和自然之间的物质变换，把它置于他们的共同控制之下，而不让它作为盲目的力量来统治自己；靠消耗最小的力量，在无愧于和最适合于他们的人类本性的条件下来进行这种物质变换。"这里的物质变换是指人类生产生活的实践，以及对自然界的改造，实践与改造应当符合自然生态发展规律，人类的本性应当保护自然界的生态平衡，这是包容原则要求的人在实践活动中与自然、人自身之间的包容共存的规范。最后，包容原则是思想政治教育基本原则的要求。它与思想政治教育的民主原则、渗透原则、主体原则在理念上高度一致，都强调对受教育者主体人格的尊重，并关注其主动性与创新力的激发，都在追求平和、开放的教育模式。在包容、开放的教育环境中，大学生可以得到更多自信，更自如地与教育者进行交流，只有正确了解大学生内心深处的真实想法，把握其心理变化历程，教育者才能归纳总结出教育对象的思想品德形成发展规律。整体性、层次性、辩证性、发展性是思想政治教育原则体系的基本特征，体现在生态文明教育中都离不开包容性的支撑，思想政治教育视野下的生态文明教育需要以包容性为基调，才能确保对多种教育理念和教育内容的吸收，从而保证整体内各部分的协调发展、全面发展。

在生态文明教育中坚持包容原则，应当从几个方面着手开展工作。第一，营造和构建包容的教育环境，培养大学生的包容性思维。生态文明教育是一种价值理念教育，教育者对理念的认同和扎实践行是教育效果得以实现的前提。所以想要培养大学生的包容性思维习惯，就要在包容原则的指导下营造自由、开放、严谨的教育环境。第二，在教育资料的搜集和教育内容的组织过程中，不应片面否定不适合社会主义生态文明建设的观点，而是应当客观呈现，从而引导、探讨与中国特色社会主义生态文明建设相融合的方式，帮助大学生更深入地理解、更好地选择。第三，教育者自身要有丰富学识和广阔胸襟。教育者在教育过程中终究发挥着主导作用，其作风和素质对营造包容的学习氛围起着决定性作用，教育者较高的个人素质是生态文明教育包容原则得以贯彻的重要保障。同时，包容原则虽然体现着思想政治教育视域下的生态文明教育的价值内核，但不能由此忽视社会主义生态文明教育的方向性，要把握住正确的政治方向，顺应中国特色社会主义的发展要求，在统一的原则上包容多元，探索与社会主义核心价值观相一致的生态价值理念。

二、大学生生态文明教育的实践原则

实践原则是指思想政治教育视野下的生态文明教育要以实践经验为基础，在认识自然、改造自然的实践活动中开展教育活动，并依据实践需要对教育体系进行发展和完善。实践思想是马克思主义学说的核心，是区分新旧唯物主义的基本标志，坚持实践原则是把握生态文明教育社会主义性质的关键，是生态文明教育思想得以科学发展以及生态文明教育活动可以顺利开展的前提条件。贯彻落实实事求是的思想政治教育基本精神就要以社会主义生态文明建设需要为依据。另外，高校可以把生态文明教育从课堂扩大到课外，创造机会助力大学生真正投入到认识和改造自然的实践活动中去。

生态文明教育的实践原则体现着深刻的理论根源和广泛的现实需要。文明的形成和完善是以意识为源泉的，文明的弘扬和传承是以意识为载体的，而意识从其产生之日起就是对自然界的意识，它在人类生产过程中始终无法摆脱对物质的依赖，人的意识在劳动实践中形成和改变，人的社会属性需要在劳动生产实践中才能得以实现，而作为劳动对象的自然界是维持人类自由的、有意识的活动的最根本基础，是彰显和实现人的特性的最基本要素。文明的演进过程是劳动逐步走向自由化的过程，脱离劳动实践的文明是虚妄的、假想的。在生态文明理念下，人类会把自身和自然都作为现有的、有生命的物质来加以善待，贯穿于各类生产生活实践全过程的普遍意识是尊重，崇尚节制的极简主义逐渐取代无节制的消费主义，同时带给人们更高层次的精神满足。意识的物质依赖性决定了文明的历史性和实践性，生态文明对生产力和生产关系的评价视角有所变更，对劳动实践的效果产生了更高要求。然而，对这种变更的接受程度需要在实践过程中才能实现，这就赋予了生态文明教育天然的实践属性。只有在实践中，人们才能观察到生物的变化和生长规律，获得知识和安全感；只有依托实践教育，人们才能感受到改善环境、拯救其他物种带来的成就感和满足感；只有在实践中，人们才能真正感受生命、了解生命、尊重生命、敬畏生命。

实践本身就是思想政治教育的重要形式，而生态文明教育的纳入，对思想政治教育提出了更高的实践要求。传统思想政治教育中的道德教育以人与人之间的伦理关系为研究对象，各项教育内容都寓于日常人际交流中，以课外的实践活动为重要机会。而生态伦理教育主要以伦理关系为研究对象，思想政治教育视域下的生态文明实践教育是对生态意识、生态思维、生态习惯的教育，有着鲜明特色。首先，在实践中大学生可以领悟到最现实的生态伦理，生态文明教育实践课程要求教育者与大学生一同认识自然规律，感受自然作为生物共同体的魅力。思想政治教育视野下的生态文明教育也可以采纳这样的教育形式，但重点在于对大学生伦理思维的启发和引导，教育大学生在实践过程中感受自然和人文环境的平衡，形成生态意识，自觉将道德关怀延伸到环境。其次，生态实践教育要给大学生提供独具中国特色的生态文化感受。不同的地域和历史造就了不同的自然和社会环境，在亲近自然的实践教育中，教育者要引导大学生感受中华文明得以形成和发展的生态根源，体会传统文化的智慧所在，理解我国生态文明教育的不同之处，传承中国特色生态文化理念，使生态文化教育深入人心。最后，自然界美景可以给人们极大的精神享受，激发人们进行文化创造的灵感，许多著名的文学作品都描述过对自然美景的领悟和感受。生态实践教育作为生态文明教育的重要方面，要帮助学生更好地在实践中体会和感悟自然之美，有意识地培养审美能力和艺术创造力，从而提升其精神生活层次，帮助大学生塑造积极健康向上的人格。

三、大学生生态文明教育的发展原则

发展原则是指生态文明教育要放在发展的前提和视域下进行，要以个人和社会发展作为教育的根本目的和主旨，以发展理念贯穿教育内容，不能脱离发展需要，而且发展原则还体现在要求生态文明教育理论本身具有发展性，要随着社会主义生态文明建设理念的不断创新而进步和完善。生态文明要求人与大自然要和平共处，这有利于人与自然整体利益的最大化，随着社会的不断发展，生态文明理念也发展得越来越成熟，这就促进了高校生态文明教育的发展。发展是教育的固有属性，高等教育的目的在于通过综合素质的提高、独立思维习惯的养成实现更高层次的个人发展。从国家和社会层面来讲，在建设中国特色社会主义过程中，必须把贯彻实施可持续发展战略始终作为一件大事来抓，环境保护是经济建设需要考虑的重要因素，发展是生态文明教育的出发点和着力点。

在生态文明教育中坚持发展原则，应当力求做到以下几个方面。第一，教育者要善于洞察大学生多样化的发展需要，合理安排并整合教育内容，按照专业背景的不同特征以及成长背景的不同特点，给予多样化的培养方案。在生态文明教育理念下，个人的任何形式的发展愿望都应当得到尊重，高校生态文明教育的开展应该将整体性和层次性相统一，教育者既要把握好大学生作为个体的未来发展需要，也要敦促他们将对自然界的关怀融入未来的学习、工作和生活中，养成适宜的生态化思维习惯和健康节约的生活习惯，还需要在开展教育活动的过程中将大学生进行适当分层，积极调整教育内容和教育方法，对有着不同发展目标、个人背景的学生进行个性化

教学。第二，教育者要在生态文明教育中着力培养大学生的发展意识，启发他们从自然生态中得到发展力量，自然界中蕴含着无限的生机，可以形成强大的精神感召力。人与自然的发展过程是一致的，大学生的发展意识培养与生态文明教育理应得到融合，在科学发展观的指导下，生态文明教育将给个人和社会带来源源不断的力量和信心。

我国在工业化发展还不够成熟的阶段，由工业化带来的环境污染和生态破坏只在局部地区出现，且程度较轻，但是随着1978年全党工作中心向经济建设转移和改革开放的实施，我国进入了社会主义现代化建设的新时期，在经济上取得巨大发展的同时，在环境上也付出了很大的代价。中国采用社会主义市场经济模式确实为国家带来了生产力迅速提升，但同时还带来了生态迅速恶化的结果。于是环境保护在1983年被党和政府确定为两项基本国策之一，并支撑了我国整个20世纪80年代的生态环境保护实践，对当时我国的生态环境保护起到了积极的影响。随着联合国环境与发展委员会的报告《我们共同的未来》于1987年发表后引入中国，可持续发展概念成为应对环境难题的新思维或者战略。在此战略思路的引领下，为了落实政府签署的有关全球性环境议题，在减少温室气体排放和保护生物多样性方面，我国制订了大量新的全国性计划与行动战略。其中，最具代表性的是《中国21世纪议程》。可以说，我国的生态文明战略发展经历了较为漫长的一个阶段，从无知到先知、从索取到互融，通过教训获得了改善，通过经验得到了提升。[①] 几代领导

---

① 罗贤宇. 改革开放40周年：生态文明建设的"中国样本"［J］. 云南民族大学学报（哲学社会科学版），2018（7）.

人集体通过实践探索，走出了一条具有中国特色的社会主义生态文明发展之路。以毛泽东为核心的领导集体提出了在实践中检验真知，用真知来指导实践。以邓小平为核心的领导集体提出了以经济建设为中心。以江泽民为核心的领导集体在继承了毛泽东、邓小平生态思想的基础上，创造性地发展了马克思主义的生态理论，提出了"可持续发展战略"，并且用它实现了对"经济增长"的"范式转换"。党的十六大以来，以胡锦涛为核心的领导集体提出了科学发展观，并明确了生态文明的科学概念和基本要求，至此，我国在建设中国特色社会主义的伟大实践中，开始从全面落实科学发展观的高度，来推进生态环境保护和建设工作。党的十八大以来，以习近平同志为核心的领导集体把生态文明建设提到了关系中华民族永续发展的根本大计这一高度，中国将建设美丽中国作为国家发展的重要目标之一，为生态文明建设提供了基本思路和方向。生态文明建设最终目的是实现经济发展与生态平衡的双赢，促进中国社会的全面进步。从中共十八大形成生态文明建设的基本框架，到2013年习近平总书记在哈萨克斯坦纳扎尔巴耶夫大学向世界传达了中国绿色发展的理念，再到2015年中共中央制订生态文明体制改革总体方案，要求从制度上保障生态文明建设，紧接着，2017年党的十九大报告中有关生态文明建设的论述，在十八大报告的基础上，又有了很大提升，提得更高、更具体，党中央关于生态文明建设的顶层序曲计划和战略部署日臻成熟。党的十八大以后，习近平同志立足当前社会实际，针对促进我国生态文明建设发展系统提出了更加丰富、更加明确的整体布局和战略要求，就生态文明建设过程中出现的重大理论问题和实践方向进行了系统、深刻的解答，形成了习近平生态文明思想。这不仅为生态文明建设指明了前进方向，提出了基本方针，也指引着当前的生态文明建设朝着正确的方向前进。十八大以来，以习近平同志为核心的党中央在继承和发扬人与自然和谐发展探索实践的基础上，在全球生态文明建设方面做出了重大的贡献，为世界各国提供了宝贵的经验，"中国将继续在全球生态文明建设中发挥重要参与者、贡献者、引领者作用"。可以看出，促进生态与经济协调发展，是建设中国特色社会主义必须面临和解决的重大问题，也是改革开放以来党和国家一直在探讨的关键问题。尽管新中国是社会主义国家，但仍然避免不了生态问题的困扰，归根结底在于，中国处于工业文明的全球化时代，不能不采用社会主义市场经济的模式来发展自身，而市场经济的运行机制是"资本逻辑"，它具有本质上的反生态性，由此决定了中国也必然遭遇生态困境。中国人解决生态问题的策略是将马克思主义生态文明思想、中国传统文化中的生态智慧与中国具体实践相结合，走出一条中国特色社会主义生态文明建设之路。因此，改革开放以来中国的生态文明逻辑思路沿循邓小平时期的"确立环境保护的基本国策"到江泽民时期的"实施可持续发展战略"，再到胡锦涛时期的"提出科学发展观战略"，最后到习近平时期的"大力推进生态文明建设战略"演进。它体现着改革开放以来中国对生态文明规律性解读日益深化，并揭示了生态文明逻辑思路的符合国情演进的必然性。

四、大学生生态文明教育的导向原则

导向原则是由思想政治教育的性质和大学生的心理特征共同决定的。导向原则，一方面要求生态文明教育有明确的政治立场，要坚持服务中国特色社会主义生态文明建设，与"四个全面"战略布局要求保持一致；另一方面，作为思想政治课程教育的一部分，生态文明教育内容要有鲜明的指令性和可操作性，能够对大学生的生态思维和行为习惯养成起到指导作用。思想政治教育具有强烈的政治倾向，被不同的价值理念所支撑、支配，所以，社会主义生态文明教育必须坚守马克思主义生态文明思想，始终贯穿社会主义核心价值观。生态文明教育体系的构建需要与政治素养教育、理想信念教育以及思想道德教育有机结合，体现生态文明教育的中国特色、时代特征，帮助大学生塑造更加自信的魅力人格，养成更加善良、博爱的情感关怀。

坚持导向原则的意义主要体现在两个方面。一是坚持导向原则是保证生态文明建设中国特色社会主义方向、维持社会稳定的必要手段。生态文明建设已经成为一个世界性的课题，以保护生态环境为主题的社会团体、政党已经遍布世界各国，它们极大地推动了人类生存环境的改善，但也时常对稳定的政治环境造成威胁。生态文明的基础是文明，是在和平环境下实现普遍发展，思想政治教育视野下的生态文明教育服务于社会主义生态文明建设，是以科学发展观为指导的教育，是坚持四项基本原则的教育，是以人与自然的共同发展为最终目的的教育。二是坚持导向原则是指导大学生养成科学生态理念、提升信息辨识能力的保障。大学生在心理上正处于懵懂阶段，作为最大的新兴媒介应用群体，他们每天都受到信息爆炸的冲击，如果缺少充足的知识储备和崇高理想的支撑，很容易受到其他消极思潮的影响，从而削弱生态文明教育的效果。

党的十九大以来，生态文明建设方面有三件标志性事件。一是

2018 年第十三届全国人大第一次会议修改了宪法，其中一个非常重要的修宪内容是生态文明入宪，将生态文明建设列入国家根本任务，把美丽中国作为国家发展目标，载入我国根本大法，这样的文明自觉在世界各国中首屈一指，将成为有着五千年文明的中国在新时代对世界文明的重大贡献。二是在 2018 年 5 月 4 日举行的纪念马克思诞辰 200 周年大会上，习近平同志指出，马克思主义是科学的理论，是人民的理论，是实践的理论，是开放的理论，要从九个方面学习和践行马克思主义思想，其中有一个方面就是学习和践行马克思主义关于人与自然关系的思想。习近平同志指出："学习马克思就要学习和实践马克思主义关于人与自然关系的思想。马克思认为，'人靠自然界生活'，自然不仅给人类提供了生活资料来源，如肥沃的土地、渔产丰富的江河湖海等，而且给人类提供了生产资料来源。自然物构成人类生存的自然条件，人类在同自然的互动中生产、生活、发展，人类善待自然，自然也会馈赠人类，但'如果说人靠科学和创造性天才征服了自然力，那么自然力也对人进行报复'。自然是生命之母，人与自然是生命共同体，人类必须敬畏自然、尊重自然、顺应自然、保护自然。我们要牢固树立和切实践行绿水青山就是金山银山的理念，动员全社会力量推进生态文明建设，共建美丽中国，让人民群众在绿水青山中共享自然之美、生命之美、生活之美，走出一条生产发展、生活富裕、生态良好的文明发展道路。"在这里，我们党将生态文明建设放到了坚持马克思主义的高度，并以"绿水青山就是金山银山"的生动语言作为马克思主义关于人与自然关系思想中国化的具体表述。三是 2018 年 5 月召开了全国生态环境保护大会。1973 年，在周恩来总理的领导下，我国召开了第一次环境保护大会。改革开放以后，约每 5 年召开一次环境保护大会，第七次环境保护大会是在 2011 年召开的，2018 年环境保护大会是由中共中央召开的，突出了生态概念和生态文明建设。本次会议上习近平同志指出，"生态文明建设是关系中华民族永续发展的根本大计"，"中华民族向来尊重自然、热爱自然，绵延 5000 多年的中华文明孕育着丰富的生态文化，生态兴则文明兴，生态衰则文明衰"。习近平同志代表党中央在本次会议上提出了生态文明建设的六项原则，提出了建设由五个子体系构成的生态文明体系，提出了全面推动生态文明发展和打好污染治理攻坚战等一系列重要思想和工作部署。六项原则是：坚持人与自然和谐共生；坚持绿水青山就是金山银山；良好生态环境是最普惠的民生福祉；山水林田湖草是生命共同体；用最严格制度最严密法治保护生态环境；共谋全球生态文明建设。①生态文明体系建设包括了五个子体系：生态文化体系放在第一位，生态经济体系放在第二位，其他还有目标责任体系、生态文明制度体系和生态安全体系。特别需要指出，习近平同志把生态文化体系而非生态经济体系放在第一位，这是很有深意的。会议要求，通过加快构建生态文明体系，确保到 2035 年，生态环境质量实现根本好转，美丽中国目标基本实现。到 2035 年，以及 21 世纪中叶，我国的物质文明、政治文明、精神文明、社会文明、生态文明全面提升，绿色发展方式和生活方式全面形成，人与自然和谐共生，生态环境领域国家治理体系和治理能力现代化全面实现，美丽中国得以建成。而从现在到那时的建设过程中，不仅要靠我们当代人的努力，更要

---

① 习近平在全国生态环境保护大会上讲话.

靠现在大学课堂里的大学生，要培育他们成为建设美丽中国的主力军，这是生态文明教育的责任。

一切人自由而全面的发展是马克思主义的最高命题，是思想政治教育必须坚持的根本方向。发展，延续着文明的生命力，刺激着文明不断自我超越，同时，文明的层次牵动着发展速度，也限制着发展尺度。生态文明在更广阔的视野下将个人、社会和自然的解放看作协调一致的发展过程和发展成果，换句话说，生态文明是更加和谐的文明、更加全面的文明和更加促进发展的文明。生态文明教育因生态危机的肆虐而起，其目的在于培育人们的全局性思维，将看待事物、处理问题的视角从微观、短期、片面扩展为宏观、长期、联系，将可持续发展观念化作雨露浸润人们的思想意识，从而为社会主义生态文明建设提供精神动力和智力支持。面对发展过程中出现的新问题，思想政治教育要把生态文明教育纳入其视域之下，才能保持自己的发展属性并实现现代转型；生态文明教育也必须保持与思想政治教育目标、任务、原则、方法的一致性，贯彻思想政治教育的基本精神才能够适应中国国情，体现中国特色，推进中国发展。

大学生处于可塑性较强的年龄阶段，一方面他们正迅速走向成熟，而又尚未成熟；另一方面，他们很容易受到外界影响，产生心理波动。所以，生态文明教育必须具有明确的指导性。首先，要指导大学生形成独立思考的能力，从而在此基础上树立崇高的、与社会主义生态文明建设相适应的理想信念。生态文明教育要拿捏好力度，一方面要重视引导和监督，敦促大学生从精神依赖走向行为独立，培养他们独立思考和解决问题的能力；另一方面要给他们一定的空间，对他们的想法表示理解和尊重，从而使之形成尊重自己和他人的意识。同时，理想信念教育是思想道德教育的重要内容，理想是源于社会实践的精神现象，它有着阶级和时代的烙印，因而大学生在树立个人理想之前要对社会理想、国家理想有具体的、全面的理解，将社会和国家理想融入个人理想之中，形成贴合实际并负有责任感的崇高个人理想。在"五位一体"建设中国特色社会主义背景下，关于生态环境的各种新闻、言论鱼龙混杂，甚至成为某些势力对我国民主政治建设的攻击借口或者武器。对此，大学生要对发展现状和国内外环境有一定认知，才能形成独立思考的能力，才能将生态理想纳入理想信念教育体系，才能在科学发展观的指导下养成健康生活的习惯，塑造崇高的生态道德观念。

第二节　大学生生态文明教育的目标及主要内容

一、大学生生态文明教育的目标

生态文明教育期望达到的成果有：国家和地方政府把创造生态文明社会作为政府工作的目标，把生态文明教育作为生态文明建设的组成部分；生态文明教育在各个领域中都得到广泛开展，建设生态文明社会的战略重要性得到广泛共识；企业把追求生态文明作为企业发展的战略目标，并积极开展绿色生产，创造绿色产品；在生态文明教育活动中，各层次教育主体间合作良好，政府与民间团体和非政府组织共同开发教育项目；各类媒体在倡导、宣传生态文明中发挥重要的作用；公众参与生态文明建设热情提高，生态文明意识也得到提高；生态文明教育纳入"全民教育"体系，普及生态文明教育培训及其方法，以提高教育的质量。

　　生态文明建设正广泛、深入地推进，需要有更多符合要求的青年人才参与。在大学生思想政治教育中加强生态文明教育，既是思想政治教育的内在要求，也是时代发展的需要，只有将生态文明作为大学生思想道德素质加以完善才能为生态文明建设提供坚强的智力支持。我们提倡将生态文明素质作为当代大学生重要素质之一加以培养，并纳入大学生思想政治教育内容体系，使大学生群体不断增强生态文明意识，不断提高生态文明基本素质，不断完善生态文明建设能力，从而促进大学生全面发展，培养和造就一批生态文明建设的青年人才队伍。

（一）强化大学生对生态文明的认知

　　大学生生态文明教育认知的强化，并不是说大学生只要知道生态文明这一概念，简简单单地少丢一片垃圾、少用一次性物品、多多宣传呼吁人们保护环境就行了，我们应该教育他们去理解生态文明的深刻内涵以及生态文明建设对于人类可持续发展的重要意义。高校通过生态文明教育使大学生能够正确地认清人类与环境、发展与可持续之间的关系，认清自然生态对于人类发展的多方面价值、当前生态环境的严峻形势以及生态破坏给人类带来的灾害后果，进而厘清人类文明与生态文明之间相辅相成的关系。

　　强化大学生生态文明认知的重要前提是要提升他们对生态学这一理论学科的认知。传统生态学只研究自然的生态系统，即便联系到人，也只是将人类活动作为一种影响生态系统的因素，落脚点还是自然界生物和生态系统，人类不是生态学研究的主题。人类生态学在这一基础上发展到研究人类本身与生存环境之间的关系了。①相比于研究自然生物整体与环境的关系，人类作为高级智慧生物，以其为对象进行研究具有突出意义，更能说明人类发展中遇到的诸多问题，由此产生了人类生态学这一新生学科，旨在以人类为出发点研究两者的关系及相互作用，将生态学扩展到人文领域。在多年的人类生态学研究中，学者着眼于诸多人类活动对自然环境的正反两面的影响以及自然环境做出的反馈。可以看出强化生态学学科理论认知有重要意义。

　　大学生应该主动探索人类文明发展至今的历史轨迹，人类由原始农业文明一步步发展至今天的工业文明，随着发展水平的提高，人类与自然的关系也在不断变化，从最初的崇拜自然，发展到开发自然，再到如今的探求人与自然和谐相处，无论哪个阶段都离不开自然。今天的人类已经摆脱野蛮发展到一个很高的文明层次，利用资源开发自然的能力也越来越高，人的诸多社会特性也越来越强，与其说人类不断开发自然以发展壮大，不如说是自然赐予人类发展的契机。人与自然的联系也是随着发展而相互协调，相互制约。强化认知，其中一个侧重点就是应该认清人类之所以发展壮大不只是因为注意人类与自然的关系，更重要的是认识到人类发展离不开自然这一规律。

---

① 陈国阶. 生态文明的科学认知［J］. 决策咨询，2015（3）：29－32＋40.

可以说人类发展的过程，其实也是文明更替的过程，如今的工业文明正是从原始的农业文明发展而来，来源于农业文明而强于农业文明，正是因为人类在发展的过程中不断进行反思、批判和取舍，人与自然的关系也在潜移默化地改变着。与此类似，放眼未来，经过人类继续发展、反思、修正，我们的工业文明必将发展成生态文明。曾经的农业文明，人类依赖于自然，人类与自然和谐相处。如今，发达的工业文明的一个副作用就是对于资源的过度开采，对于自然的破坏，以及妄图支配自然这种错误的想法的产生。由此看来，生态文明还有一段很长的路要走。首先是要进行对过去的反思，思考这种文明模式的优点，批判其弊端，取其精华，弃其糟粕；之后是思考对未来的规划，我们需要治理工业迅速发展所带来的生态破坏，提升发展空间；奠定好基础后，再思考我们要建设一个什么样的生态文明，在这种文明中人类的生活将是怎样的；最后就是现阶段的任务，发展技术产业，并将精神文明建设带到一个更高的层次。面对人口、环境、资源的生态危机，人类必须调整自己的文化来修复遭到生态破坏的环境，发展新文化来与环境协同共进。[①] 这就是强化认知的另一个侧重点，大学生应该有一种批判性分析能力，当前生态文明建设并不是要完全抛弃现有的模式，而是要不断反思当前的弊端，总结经验，在现有基础上逐渐调整人与自然的关系，向生态文明稳步前进。

建设生态文明这一目标对于当前来说仍任重道远，达到生态文

---

① 周鸿. 人类文明的生态学透视 [J]. 思想战线，1996（5）：82 – 89.

明的重要途径就是扎扎实实搞好生态建设，搞好生态建设又恰恰需要明确生态文明的具体目标，二者相辅相成。根据我国国情来看，当前生态建设的任务就是对过去发展对自然环境所造成的破坏进行修补拯救，包括发展空间格局的优化，生态系统多样性的恢复，调整人口增长趋势等方面。而生态文明又是一个以人类文明为主体，以工业文明为基础的一种比较抽象并且长远的建设目标，必须明确认识到这并不是短期内可以见成效的工作，做好打持久战的准备。建设生态文明是"阐旧邦以辅新命"的伟大事业。"生态兴则文明兴，生态衰则文明衰。"走生态文明建设之路，我们才能建设美丽中国，实现中华民族的伟大复兴。① 我们必须让大学生清楚自己未来应背负的责任，让作为接班人的他们意识到当前我国的生态文明建设任重道远。

（二）树立大学生的生态文明意识

当前，生态文明建设已经成为国家发展的一项战略任务。可以说生态文明建设既关乎当今人们的生存发展，又关乎子孙后代的幸福生活；既关乎各个国家的综合实力提升，又关乎人类群体的未来发展。对于每一个个体而言，树立生态文明意识于己于国都有重要意义。而作为未来世界的建设者，当代大学生更有必要树立起生态文明意识，于己而言，能通过自身行动投身生态建设，在日常生活中约束自己的行为习惯，发挥监督作用，勇于同破坏生态文明的行

---

① 卢风.《生态文明与美丽中国》：如何超越工业文明，走向生态文明？［N］. 中华读书报，2019－3－27（8）.

为做斗争；于国而言，发挥大学生的主人翁意识，明确当前国家的发展目标，意识到自身肩负的巨大责任，将生态文明建设意识融入建设中国特色社会主义现代化实现民族伟大复兴的中国梦中，助力国家建设推动国家发展。

生态文明意识在具体实践中可以分为两方面。

一是科学方面，即引导大学生逐渐形成一个科学的生态文明知识理论体系，对生态文明、自然环境、人与社会、发展与反思等方面有一个科学的认知。另一个概念就是生态学理论知识，必须先掌握基础的生态文明知识才能树立良好的科学意识，进而能观察判断出现存的环境问题以及人类生活行为对环境产生怎样的影响。其中一个重要方面是要从我国当前国情出发科学地认清人与自然的关系。当前我国基本国情是：国土面积大，资源较为丰富，但人口众多，人均资源占有量低，并且随着现代化进程的加快，资源浪费、环境破坏较为严重。站在这个基础上去思考人与自然的关系，人类生于自然而依赖自然，人类社会只是广博的大自然的一部分，通过长久的劳作，我们可以一定程度上地适应并改造自然但却不能超越自然，自然赐予我们生存发展的机遇和资源，我们不会脱离自然而独立存在。我们没有能力改变过去，但我们可以引导未来。当代大学生应熟练掌握生态文明知识并加以运用，保护有限的资源，探寻可持续发展的方式，缓解环境压力。总而言之，树立科学的生态文明意识，我们才可以客观地认清未来生态发展趋势，找准切入点缓解环境资源压力，同时又要确保人类发展不受影响，真正做到人与自然和谐相处。

二是道德方面，即以榜样效应、社会舆论等方式进行思想教育和道德感化，调解人类与自然的利益关系。道德意识是一种很抽象的概念，是一种社会意识形态，人类发展到今天的历史表明，人与自然既存在着密不可分的联系，也存在着一些矛盾，道德方面的生态文明正是用来调节这些矛盾的，在当前和今后的发展中，我们将其视为处理生态环境利益关系的一种规范和行为准则。在强化了当代大学生对于生态文明的认知后，高校就应该着力于在道德方面培养他们的生态文明素养，使他们能够活学活用，用这种行为规范来约束自身，同时约束他人，从内心里将保护环境维护生态视为一种义务，积极地为生态文明建设贡献力量。树立了生态文明道德意识后，大学生的行动会形成一个风向标，影响一代又一代青年群体践行这一理念，这也能产生榜样效应。道德意识的强大之处就在于它以思想为载体的感染力，那些科学客观生态意识所解决不了的问题和普及不到的群体，道德约束可以起到很好的行为限制和思想传播作用。高校要对生态道德教育予以高度的重视，不断地完善生态道德教育体系，创新生态道德教育模式，以此来提升大学生的生态保护意识，使其能够在未来的社会生活中为国家的生态文明建设做出更大的贡献。①

作为一种基础的价值导向，生态文明建设可以很好地唤醒当代大学生的忧患意识，培养他们热爱自然敬畏自然的思想观念，通过强化生态文明认知，树立生态文明意识，理性地剖析人与自然的利

---

① 张弛. 浅谈生态文明视域下的大学生生态道德教育 [J]. 科学大众（科学教育），2018（11）：152－153.

益关系，认清自然环境和资源对人类发展的重要意义，同时也掌握当前人类对生态环境造成的破坏程度，对过去的生产方式和发展模式做出理性的反思，明确目标，通过自身行动，推动生态文明建设。

（三）提升大学生的生态责任感与使命意识

现代社会，在可持续发展理念的指导下形成了构建资源节约型和环境友好型的"两型"社会目标。资源节约型，旨在节能减排，就是要做到在各种制造行业上力求节约，进行严格的用料规划，并做好废物的回收利用工作，使资源利用率达到最大化，同时呼吁人们在日常生活中要尽力做到勤俭节约，物尽其用，杜绝浪费，因为人是认识与评价自然的主体，也是更新改造自然资源的主体，是人的素质、能力决定着人对自然资源利用的方式与方法。① 只有采取以上做法，才能够缓解当前的资源压力，同时满足各地人民的生活需求。环境友好型，旨在协调关系，协调人类活动与生态平衡之间的关系，环境友好型社会应该是人与自然和谐共处，协调发展，人类活动可以有限度地去开发自然改造自然，但是不能抱着凌驾于自然之上的态度去发展，核心就是要达到自然的协调可持续发展。

而大学是承担着传播新思想新观念重任的学术场所，走出大学校门的广大大学生群体，即将肩负起中国特色社会主义建设的重任，因此各个高校必须确保走出校门的大学生能够拥有明确的生态文明观念，意识到自己所承担的构建"两型"社会的重任。然而我们不

---

① 贺汉魂. 以人为本建设两型社会是构建生态命运共同体的重要途径——读《中国共产党第十九次全国代表大会报告》中生态文明与人类命运共同体的论述［J］. 湖南第一师范学院学报，2017，17（6）：30-33.

难发现，当前高校对于生态文明教育的普及程度还较低，并且由于近年来生活水平的提高，物质消费的泛滥，在应试教育影响下的大学生群体的生态意识水平很不乐观，生态责任观念也十分缺乏。①一个良好的发展必须要有一个良好的开端，而大学生更是未来建设中的顶梁柱，他们在接手祖国建设之前，提高自身生态责任感势在必行，这也是贯彻落实科学发展观，构建和谐社会，建设美丽中国的重要前提。

不难想象，如果我们不加强生态文明建设，那么在未来，我国发展状况将是人口持续增长，人口增长带动各行各业飞速发展，带动我国经济总产值达到新高。然而高速发展的代价是能耗和排放将会十分巨大，资源短缺，生活空间拥挤程度提高，环境压力增大。因此我们必须让大学生们意识到构建资源节约型社会、构建环境友好型社会，并不只是政府部门和相关行业人员的事，它是关系到国计民生的大事，每一名当代大学生都应肩负起建设生态文明的重大使命，充分施展个人才能实现个人价值，在未来发展的新洪流中抓住机遇、迎接挑战、艰苦奋斗、矢志创新。

就当下而言，高校对大学生进行教育应首先从思想入手，使他们意识到当前形势的严峻以及未来建设的重点。思想决定行为，有了扎实的生态文明思想，方能够从一点一滴做起，节约资源抵制浪费，形成尊重自然的高尚品格；其次是教授大学生从事生态文明建设的本领和经验，无论思想观念多么进步多么超前，不付诸行动也

---

① 魏晓莉，戚国强，赵俊影，等. 高校生态文明教育的意义及实施路径措施［J］.
教育教学论坛，2018（39）：59－60.

解决不了根本问题，社会建设需要的是知行合一的人才。道路是一步一步走出来的。未来国家建设需要一批有理想、有担当、有作为的大学生，能够追随前辈们的脚步，发挥出新时代大学生应有的品格和精神，构建资源节约型、环境友好型社会。

在 2012 年中国共产党第十八次全国代表大会中，党中央提出："把生态文明建设摆在突出地位，融入经济建设、政治建设、文化建设、社会建设各方面和全过程，努力建设美丽中国，实现中华民族永续发展。"党中央提出了"五位一体"的发展规划，美丽中国这一执政理念被首次提出，生态文明建设被正式纳入未来发展规划中。十八大以来，生态文明建设被摆在越来越突出的位置上。在中国共产党第十九次全国代表大会中，生态文明建设更是被多次提及，时至今日，仍是作为一个热点话题被多次提及。习近平同志在 2018 年 4 月参加北京的义务植树活动中提到："要像对待生命一样对待生态环境，绿化祖国要坚持以人民为中心的发展思想，广泛开展国土绿化行动，人人出力，日积月累，让祖国大地不断绿起来美起来。" 2019 年 4 月 8 日，习近平同志再次在义务植树活动中强调："我国生态欠账依然很大，缺林少绿、生态脆弱仍是一个需要下大力气解决的问题。"十八大以来习近平总书记提出过诸多论断，例如，"绿水青山，就是金山银山""生态兴则文明兴，生态衰则文明衰"，"生态环境是关系党的使命总值的重大政治问题""保持加强生态文明建设的战略定力"，等等。当前我们进行一切艰苦奋斗的目标就是建设中国特色社会主义，建设美丽中国，实现中国梦，实现中华民族的伟大复兴。如今，中国梦再次被赋予新的内涵，搞好生态文明建设，实现生态文明的中国梦，也是一项重要使命。

二、大学生生态文明教育的主要内容

（一）基本知识教育

生态科学基本知识是生态文明建设的理论基础，是高校生态文明教育的重要内容。因此，生态科学基本知识教育对于大学生以科学的眼光认识生态环境具有重要作用。生态环境现状教育应该作为高校生态文明教育的首要内容，当代大学生只有具备了生态环境问题的危机感和责任感，才会主动关注生态环境，激发解决生态环境问题的主动性、积极性和创造性。要使生态义明教育能够产生实质性的效果，受教育的人们就必须全面理解生态知识，如果没有理论知识作为支撑，我们所倡导的生态文明就只能停留在浅显层面，只有当人们在全面理解了生态知识后，将自己的理解贯彻到实际行动中，才能真正地形成生态文明观。只有在对人们进行生态文明理论知识教育后，他们才能形成生态文明观，这才能为我国社会可持续发展打下坚实的基础。

《中国环境保护21世纪议程》中明确指出："环境宣传教育的根本任务是提高全民族的环境意识和培养环境保护方面的专业人才。"中国环境教育最开始的主要形式是社会教育，即向广大群众宣传环境保护的知识，提高公众环保意识，故有"中国的环保起源于宣教"之说。《中国环境保护21世纪议程》指出："通过多年的探索和实践，中国环境宣传已经形成了一系列的工作方针，积累了比较丰富的工作经验。环境宣传是环境保护事业的一个重要组成部分，在环境保护事业中起到了先导、基础、推动和监督作用；环境宣传的一个重要的指导方针是走社会化宣传的路子，依靠各部门、各行业以及群众团体、大众传播媒介等进行广泛的宣传；环境宣传的重点对象是各级领导和广大青少年；环境宣传在不同时期有不同的重点内容并围绕环境保护的中心工作进行。"因此，生态文明应采用多种形式、多种途径的教育模式，使学生学习和了解生命教育、生活教育、生态教育、生态审美教育等方面的知识和内容，为今后的文明行为打下基础。高校主要通过课堂教学、第二课堂活动、文化宣传等途径，在基础课和专业课教学中渗透生态文明教育，在第二课堂中开展生态相关知识教育，组织参观生态纪念馆等活动，并且可以利用广播、宣传栏、黑板报、文艺演出等文化阵地，开展生态文明宣传与教育活动，同时开展丰富多彩的生态文明演讲、校园文明风采、学生技能大赛等活动，充分利用学生社团组织，引导学生学习和实践。在学习形式上，生态文明教育达到既有基础理论学习过程，也有简单易行的实践参与，在做中学，从学中做；既有集体的教育，也有个体的引导；既有表扬宣传，也有惩治警戒，从而形成包括理论学习、调查研究、观察、演讲等多样化的形式。在知识载体方面，生态文明教育既要有书籍的传统形式，还要注重网络、视频、微课、微信等现代载体的传播；既要包括校园环境、校园绿化，也要包括周边山水林田湖草等生态系统。总之，高校要引导学生自身从被动学习了解到主动探索掌握，从而真正从对于基本知识的掌握到身体力行进行生态文明行为的过程。

（二）生态意识教育

生态文明意识是人们在自我认知中对自身与自然生态关系的一种理解、思想、意志等心理过程和客观形态的反映。它也是在发展过程中形成的人们与自然和谐发展的一种世界观。思想决定着人们的行为，也就是说具备了生态文明意识，人们才会在日常的生活中有意识地去关注生态平衡，它是解决生态问题很重要的环节。在养成生态文明意识的同时，人们也会创造良好的社会环境。从狩猎文明到如今，人类社会对大自然的态度一直在发生着变化，从一开始的敬畏自然到后来的征服自然，以及如今的与自然和谐共处，人类在拥有能够进行生态保护的技能后，以主动的态度去参加生态活动，解决生态问题。培养生态文明意识可以从根本上改变人们的观点，引导社会为生态文明建设做出贡献，让意识转化为人们的外在行为，促进生态文明建设。将生态学作为背景知识，收纳生态文化、知识，从而形成了生态文明知识。它的意义是可以增强人类生态意识和素养，使人类对大自然规律有科学的认知和了解，增促进人与大自然之间的感情，促使人类的社会行为变得更加生态环保。生态意识教育应当从危机性生态意识、参与性生态意识等方面着手。高校培养大学生形成危机性生态意识关键在于要使他们意识到人类尽管为生态保护做出巨大努力，但是成效依然是杯水车薪，环境恶化加剧、能源枯竭、粮食稀缺、水质污染、生态系统紊乱等危机已经对人类的生存发展造成了威胁。帮助大学生逐渐形成生态危机性意识，有助于良好的生态行为习惯养成，最终将其培育成极具生态危机意识与生态责任感的高素质人才。同时，高校生态文明教育作为生态文明建设的重要环节，高校可考虑利用各种方法使大学生意识到在此过程中自己不可置身事外，激发大学生高度的参与兴趣。比如，对于环境保护常识的学习需要参与环保宣传活动，并且通过实践调研过程向政府环保部门举报不良行为，利用互联网发表环保文章以及推送环保意见与建议，积极参与更多环保公益活动和绿色消费行动，等等。

通过生态体验活动、生态教育活动，增加大学生对生态文明的了解和认同。在生态体验活动中，要运用多种感知教育方法，培养学生的生态道德，使学生养成良好的生态文明行为习惯，加强学生的律己性，鼓励学生律他。

（三）生态观念教育

生态道德观念教育是高校生态文明教育的核心内容。高校生态道德观念教育主要包括生态道德意识培养、生态道德规范教育和生态道德素质教育等内容。① 生态文明的内涵是人们不仅对面临的生态问题有清晰的认识，还要意识到在生活中，主动参与生态文明建设，哪怕是微不足道的小事，聚少成多以后也会为生态平衡做出贡献。生态文明观念与生态文明教育的实践活动成正相关关系，生态文明观越成熟，生态文明教育实践活动开展得就越顺利，相反，生态文明观越浅薄，生态文明教育实践活动就越难以有序进行。大学生在对生态文明的认知、观念及行为上的偏差阻碍了生态文明教育

① 魏晓莉，戚国强，赵俊影，等. 高效生态文明教育的意义及实施路径措施［J］. 教育教学论坛，2018（39）：59-60.

的有效开展。当前，大学生的生态知识普遍匮乏，对生态文明的要求缺乏关注和了解，对建设社会主义生态文明的必要性认识不充分。同时，大学生的生态文明观念有待加强，主要表现为大学生的生态道德观欠缺和生态法治观弱化。其中大学生的生态道德观欠缺不仅体现在部分大学生乱扔果皮纸屑、践踏花草、浪费水电、损害公共物品等，还表现在不和谐异类文化如"课桌文化""墙壁文化""厕所文化"的屡禁不止，更反映在大学生举手之劳的小小善举的缺失上。大学生生态法制观弱化的主要表现是大学生整体法律知识的贫乏、法律意识的淡薄、法律行为习惯的偏差等。此外，大学生消费行为失范是其生态文明行为偏差最直接的表现。大学生作为当今社会一个重要的消费群体，他们消费行为的恰当与否对自然和社会产生重要影响。人一般需要通过消费满足日常生活需要，那么大学生的消费原本是一件无可厚非的事情，但是，由于大学生价值观尚处于塑形期，虽然思维活跃，易于接受新事物，但是理性认知不足、辨别力差、自控力不强，这些特点影响了大学生稳定消费观念的形成，加上西方推崇的享乐至上的消费主义思潮在校园日渐盛行，在大学生群体中时常存在着冲动与盲目式的过度消费、攀比与炫耀式的奢侈消费及各种名目的不良消费等，使得消费商品的符号性价值逐渐取代了其本身的使用价值。如果大学生的这种"异化"消费行为不改变，不仅会给资源、环境造成压力，破坏生态文明，也会对生态文明教育的开展产生消极影响。

培养大学生尊重自然、敬畏自然、热爱自然、保护自然的生态道德观念尤为重要。教育大学生关爱自己、关爱他人、欣赏生命、敬畏生命。无论是在人身安全、职业态度、环保意识等方面都要做到不伤害自己，不伤害他人，不被他人伤害。开展生命教育，树立正确的人与人、人与生命的观念。在生活教育中提倡绿色生活、健康生活、团结合作、共享未来，培养大学生自律和他律观念，践行绿色低碳生活方式，促进大学生自觉行动，树立正确的人与社会观念，通过专题培训等方式，提高大学生的创新能力和创业潜力。帮助大学生了解生态、关爱生态，像对待生命一样对待生态，将道德价值取向由"人类中心主义"转向人与人、人与社会、人与自然的和谐共生，树立"绿水青山就是金山银山"的理念，树立山水林田湖草是一个生命共同体的观念。

最后，还要用生态美学的观念教育大学生，确立必要的生态审美素养，学习以审美的态度对待自然、关爱自然、保护地球。生态观念教育应该从平等性生态观念和绿色发展理念等方面着手。从工业革命开始，人类便进入不停向自然索取的模式，过度采伐自然资源，无视生态系统的平衡性，演变至今，造成了难以修复补救的环境污染与生态破坏。高校生态文明教育内容应当让大学生意识到平等不仅局限于人与人之间，同样地，人与自然之间也需要平等、平衡。绿色发展是十八届五中全会提出的全新理念，是基于新时代条件下必须践行的科学发展观，就当前而言，绿色发展理念在认知与践行上未能达成一致。因此，高校要把握具体情况开展生态文明教育工作，将绿色发展理念大力倡导给学生，有助于他们绿色价值观、绿色思维以及绿色生活模式的认同和养成。

要想将生态文明思想根植于青年人的心中，就要想办法让生活条件富足的学生通过亲身参与的方式切身感受，帮助学生将生态文明思想内化于心、外化于行。一是利用学校周边生态文明教育资源，开展普适性的拓展型生态教育；二是结合专业课程，开展相关生态研究，通过观察、调研、实验、专题学习、基地实习等形式，提升学生生态观念，重视过程和实践环节；三是挖掘城市周边自然资源，组建长期稳定的生态志愿者服务队，定期参与有关生产、调研活动。

生态文明意识是人们思想中对生态文明的认识，是生态文明态度的内在基础，也是生态文明参与的思想指导。生态文明知识，是帮助建立生态文明意识和生态文明技能的一种补充，生态文明意识和观念是决定学习生态文明知识和技能的意向。

（四）生态法制教育

当代大学生应该认真学习和掌握与生态环境相关的法律、法规，从而增强生态法律意识，培养环境保护理念。生态法制教育应当从普法教育和维权教育等方面着手。高校的生态文明教育工作应该奉行我国依法治国之制，普及有关生态文明的法律法规教育，有益于大学生环保意识的提高。为此，生态文明的普法教育不可或缺且不可懈怠。高校生态文明的普法教育应该结合高校思想政治课与环境科学课的优势，让学生课堂学习中受到生态法制教育的浸染，增强生态法制意识与观念以及环保的责任心，掌握如何在环保行动中正确履行个人的权利及义务，以符合生态文明建设的基本需求。生态文明建设人人有责，它与人类的生存发展息息相关，每一位公民都拥有相关的知情权、监督权以及起诉权，高校生态文明教育应当将维权教育工作做好，确保学生懂得行使这方面法律法规赋予的基本权利，提高生态维权基本意识，最终有利于推进生态文明建设的整体进程。接受了生态法制教育的大学生要适时地、创新地开展宣传教育、社区服务、社会服务，将自身了解的知识和体会尽可能地传播出去，从而引起更加广泛的关注和认同。这就需要加强高校与政府、企业、社区之间紧密的合作与交流，整合生态文明教育资源，构筑高校、家庭、社会联动机制，实现资源共享；还要充分利用高校的环境资源和教育资源来开展生态文明思想教育，使教育成果长效化、常态化；同时要发挥生态文明教育联合基地的作用，形成多种活动形式，组织当地政府、企业人员到基地参观、指导、交流、共同学习，向学生的周边人员宣传生态文明教育理念；在这些过程中要充分发挥自媒体的作用，积极鼓励教师和学生参与生态文明建设，宣传生态文明。

面对资源紧缺、环境污染、生态破坏的问题，高校在进行生态文明法制教育时应该注重教育的实效性，不能走马观花，搞形式化，要对学生表现进行跟踪，对综合表现进行全面评价，从而衡量学生的学习成果，确保教育达到实效。高校在进行生态文明法制教育环节，还应当全面完善教学内容，为了更好地开展教育，教师根据时代和政策的变化要对法制教育的内容进行完善，尽可能地丰富教育内容，避免学生对教学课程产生"厌倦感""枯燥感"。生态文明法制教育的教学内容不应该停留在理论层面，还要囊括教育实例，通过对教学实例进行讲解，促进学生更好地消化和理解理论知识。同时，教师需要全面创新教学方法，加强先进教学手段的应用。在互联网高度发展的今天，教学方法也变得多种多样，为了提高教学趣味性，教师可以在生态文明法制教育上应用一些新型教学方法，比如视频教学、现实案例讨论等。新颖的教学方法能够引起学生关注，使其对该课程产生浓厚兴趣。为了加深学生对于生态文明法制教育内容的理解，并且将其根植于内心，随时准备应用于实践，则可以在课堂讲解的同时大力提倡探讨式教学，通过辩论赛、演讲赛，使得学生在讨论中加强理解，对相关内容有更加深入的认识，通过分析问题—研判情况—升华成果的程序帮助学生梳理教学内容，使学生由课堂的听众变成直接参与者、主动发言者。

第三节　大学生生态文明教育的主体架构

生态文明建设不仅是国家的重要战略，同样也是需要我们所有公民共同完成的一项任务，因此需要我们每个公民都用自己的行动去实现。生态文明建设作为一项复杂的系统工程，需要政府部门、社会组织、教育部门和公民自身等所有主体共同努力和协同推进。[①]首先，我国明确了相关主体的职责与定位。十九大报告将"构建政府为主导、企业为主体、社会组织和公众共同参与的环境治理体系"作为生态文明体制改革的重要内容，明确了政府部门、社会组织、教育部门和公民自身在生态文明建设中的职责与定位。政府部门是生态文明建设的主导者、管理者和责任主体；社会组织是生态文明

---

① 龚克. 担起生态文明教育的历史责任　培养建设美丽中国的一代新人［J］. 中国高教研究，2018（8）：1-5.

建设的基本行动主体，也是协调者、参与者、监督者。教育部门是生态文明建设的培育环节。公民自身是生态文明建设的践行者、推动者。其次，构建有力的监管体制，也是推进生态文明建设的重要保障。我国自 2015 年 8 月建立"政府监管、社会监督、公众参与"的环境保护督察方案以来，已经实现对 31 个省（区、市）的督察全覆盖，并及时对环保督察出现的问题进行反馈，让公众参与监督，责令相关主体整改，自上而下地推动了生态文明建设责任落实到位。最后，建立和健全生态文明协同治理的沟通协调机制。生态文明建设涉及多元广泛的参与主体，我国积极鼓励发挥公众参与生态文明建设的主体作用，同时，通过建立和健全生态文明协同治理的沟通协调机制，使这些诉求能够引起相关部门的重视，并得到切实有效的解决。这些措施极大避免了因公众环境诉求表达不畅而引发的环境群体性事件，从而实现生态保护与社会和谐的统一。

生态文明教育是生态文明建设的一项基础性工程，它是一种复杂的社会活动，具有公共利益、整体利益和长远利益等特征。生态文明社会不是少数人的乌托邦，而是全社会的共同理想，是广大人民的根本利益所在，理应由全体人民来共同建设。正是在这个意义上，生态文明教育是一项面向全体公民的全民教育，它涉及政府、学校、家庭，乃至于整个社会，需要依靠政府、学校、家庭和社会等各个方面的积极支持与密切配合，才能取得切实的成效。

一、政府部门的主导和规划

我国政府部门在生态文明教育中充分发挥统筹、组织和协调作用，包括制定和实施生态文明教育的政策和计划，以及给予生态文明教育必要的投入以确保这项工作所需的资金支持。① 政府部门需要做好顶层设计和整体规划，《生态文明体制改革总体方案》树立了"尊重自然、顺应自然、保护自然，发展和保护相统一，绿水青山就是金山银山"等理念，这是国家层面在生态文明体制改革领域的顶层设计。党中央、国务院密集发布有关生态文明建设的文件，全国人大加快环境相关法律的修订工作，严肃开展相关执法检查等。地方政府要想有效地落实这些新理念、新精神，就需要与时俱进地制定相关生态文明建设方案。在生态文明建设中，生态文明教育具有先导性和基础性的作用，建设生态文明社会必定离不开生态文明教育的支撑。对政府来说，培育和弘扬生态文明教育的价值观是责无旁贷的，地方政府应在保障经济社会和生态文明统一发展的精神下，通过相关政策的制定和大力宣传，做好规划设计，提供法律法规保障，在全社会营造出人人都是生态文明建设关注者、参与者的氛围。

二、社会组织的引导和服务

进行社会服务体系的融合，开展主题社会实践和社会服务活动，强化生态文明教育的社会性，在此过程中，坚持理论教育与实践教育相结合的基本原则，确保大学生生态文明教育的切实成效。通过强化和贯彻理论与实践相结合的教育原则，避免高校生态文明教学和实践脱节。目前，开展社会实践集中活动和社会化服务分散活动

---

① 刁龙. 生态文明教育的碎片化困境与系统性重构 [J]. 学校党建与思想教育，2017（24）：9 - 12.

已成为大学生接触社会的主要渠道。在日常校园系列活动中，将主题教育引入生态文明教育中，加强以生态文明为鲜明主题的实践活动，比如生活实践活动，培育学生节俭节约的生态文明观念，培养学生合理消费、绿色消费的良好行为习惯，以及生态环保行为。同时，利用高校的学生社团有效资源，开展丰富多彩的校园活动，营造绿色校园。大学生是生态文明的实践者，也是宣传者，可以利用寒暑假，组织学生深入基层，开展生态调研，建立大学生实践基地，进行面向社会服务的生态实践活动。对理论的深刻理解，需要切实的行动和正确的思想支撑。只有当行动和思想高度一致时，才能形成坚定的思想理念和行动指令。理论和实践的相互依赖、相互渗透、相互作用的教育原则，既生动了理论认识，又提高了实践能力，巩固并深化了教学成果，同时有效提升了大学生生态文明的实践应用和创新能力。

社会教育模式具有传播的整体互动模式的一些特点。一是整体性和全面性。社会教育模式包括了人际传播，也包括了大众传播和网络传播。人们在参与过程中，传播者和公众之间以及公众与公众之间直接交换环境信息，同时，公众借助媒介表达和反馈自己对环境的看法和观点，这个模式能真实地再现环境宣传传播活动的基本过程和内外联系。二是辩证性和互动性。在社会教育中，主体之间的双向交流、多向沟通的互动性更为突出。在其中，环境信息依靠公众提供，环境政策、法律、知识依靠宣传者向公众传播，环境问题需要向公众公开，公众则监督政府、企业等的环境行为。三是动态性和发展性。社会教育模式不是固定不变的，会随着现实情况或人们认识水平的发展而发展，如传播的角色可以转变，作为公众既可以是受众者也可以是传播者，他们中的一部分人在提高了环境意识后，可以以各种方式影响他人，使更多的人具有环境意识。四是实用性和非程序化。环境社会教育从人类面临的环境问题出发，联系公众的现实生活、关注公众周围的实际问题，如水污染问题、空气污染问题，通过多种形式、途径开展环境教育，鼓励人们采取行动，为改变环境问题共同努力。

（一）环境保护部门的环境宣传教育

习近平总书记强调：要加强生态文明宣传教育，增强全民节约意识、环保意识、生态意识，营造爱护生态环境的良好风气。在环境宣传教育中，政府所扮演的是绝对主角，政府通过主题确定、宣传计划安排、活动策划、组织实施等环节将环境宣传纳入其宣传管理范畴之内。

组织各种与环境相关的纪念日活动。目前在世界环境日、世界地球日、无车日、植树节、国际生物多样性日、国际保护臭氧层日等与环境有关的纪念日里，各级政府或者相关的职能部门都会与社会群众或团体组织一起举办各种形式的公众纪念活动，通过集会、表彰、发表纪念讲话、发放环保宣传品、环境知识展览等方式呼吁社会各界对环境问题的关注，引导群众参与到关心环保、支持环保的活动中来。举办公众纪念活动在我国环境社会教育活动中是历史最长、最为常见的一种方式，几乎是伴随着环境保护工作的开始一直持续至今，在各个地方、各级政府组织的社会环境宣传活动中均可以看见这种方式，其形式和基本程序基本得到了保持，内容则紧扣时代的主题，成为政府推动公众环保活动的主要形式之一。

开展公众环保咨询服务。公共环保咨询是由政府或社会群团组织举办公众环保活动常用的形式，通常咨询服务也包括环保投诉的内容在内，以组织环保行业的技术专家和管理专家解答群众提出的各种环保问题为基本形式。活动的组织者旨在通过活动为人民群众提供环保方面各种形式的服务，了解人民群众在实际生活中遇到的主要问题和诉求，从而达到与人民群众沟通并引导群众关心环保的目的。广大群众通过咨询反映自己的诉求，了解有关的环保知识，寻求解决所面临的环保问题的办法。公众环保咨询服务提供了一个很好的政府与公众互动的平台，拉近了政府与公众之间的距离，是一种开展环境社会宣传的有效形式。

（二）新闻媒体参与的环境宣传教育

作为政府主管环境宣传教育的国家环境保护总局自成立以来，就认识到了新闻媒体在环境宣传教育中可以发挥巨大的作用，因此一直与相关部门保持着紧密的合作，共同推进环境宣传教育向前发展。在中国生态面临严重危机的情形下，新闻媒体环境教育形式在唤醒人们的生态环境保护意识，提高人们保护环境的能力，特别是提高决策者的决策能力方面起着重要的作用。新闻媒体，包括广播、电视和报刊、网络，是大众传播的重要途径和手段，它最大的特点是快速性，特别是网络、广播和电视传播的信息能快速和及时被大众所接收，从而能更好地发挥教育的作用，而网络由于其不受时间、空间的限制而更便利、更快。此外，广泛性是媒体宣传的另一大特征，通过广播、电视和网络，信息可以传播到千家万户，甚至可以跨越国界。随着我国广播、电视和网络建设的发展，其广泛性的特征更加显著。

推动环保公益宣传。政府与新闻媒体相互合作，通过电视公益广告、环保公益海报、发放环保公益宣传品、纪念品等开展环境宣传教育。环境公益宣传是用公众易于接受的方式，以媒体、公共宣传平台和与日常生活相关的物品为载体，宣传环保的理念、政策、法规和行为方式。环保公益宣传可以在一定时间、一定范围内，比较及时、高频率地向公众进行灌输式宣传，让人们目之所及看到人类的环境问题，时刻反思自己的行为或是监督他人的行为，使环保意识由教育强化成一种习惯，使环保参与成为一种自觉行为。

三、教育部门的实施和培训

教育部门做好制度支持和实施方案，社会教育在生态文明教育中也扮演着重要的角色，我国通过社会各种渠道和方式广泛深入地宣传生态文明的知识，培养公民的生态文明观，提高公民处理各种生态问题的能力。当前，教育部并没有提出关于生态文明教育的相关要求，致使各级各类学校没有把生态文明教育作为学校教育的一个重要方面来落实。但是，推进生态文明建设已经成为"五位一体"的中国特色社会主义伟大事业的重要组成部分，生态文明教育应当贯穿教育的全过程。教育部门应该努力引导和培养一批具有示范效应、服务地方绿色发展的高校作为生态文明教育基地。如何更好地发挥高校在生态文明教育方面的重要作用、作为生态文明教育基地的窗口作用以及在树立生态文明观念方面的主体作用，从而提升生态文明教育的规模和质量就显得极为重要。生态文明理念不会在大学生的头脑中自发地形成，大学生更不会自然而然地用生态文明观念规范自身的言行，必须通过课程资源的充分挖掘和开发，才能使生态文明理念"进教材、进课堂、进头脑"，才能使生态文明理念落到实处。① 教育主管部门是高等教育发展的直接管理部门、国民教育计划制定发布部门和教育评估的考核部门，所以，教育主管部门对生态文明教育的重视程度直接关系着高校生态文明教育的发展，直接影响着高校生态文明教育的成效。目前，我国高校是党委领导下的校长负责制，高校要实施和开展一项全新的教育板块，决策权在高校的主要领导团体，因此提高主要高校领导对于生态文明教育的重视程度，有利于高校生态文明教育的快速推进。

生态文明教育与高等教育具有共同的价值目标，无论生态文明教育还是高等教育，根本任务是培养人，为了人的全面发展。生态文明教育和高等教育的建构和运行目的都是更好地提高大学生自身整体素质。高等教育使得生态文明教育更具立足点，生态文明教育如何有效开展，其最基本的条件是需要一个可实施的空间，高校作为高素质人才培养的主要基地，其雄厚的师资条件、完善的管理体系、优良的学生素质、良好的校园氛围，都为生态文明教育的开展提供了优质平台。同时，生态文明教育是高等教育的有机组成部分，高等教育更关注学生专业课程学习，生态文明教育内容补充了学生全面发展方面的教育，将其有计划、有系统、有实践地融入高等教

---

① 朱蕾. 简论生态文明教育与高等教育的融合生长［J］. 江苏高教，2017（6）：45－47.

育中，能使高等教育的内容和内涵更加全面与丰富。在高等教育过程中，高校通过对大学生进行生态文明教育，可以深入了解高等教育所面临的一些问题，挖掘问题所形成的原因，从而探索符合大学生成长发展的有效途径，促进生态文明教育和高等教育的共同进步和发展。

高校作为生态文明教育体系的重要主体之一，为我国构建完整的生态文明教育体系奠定了坚实的基础。一是开设与生态文明教育相关的公共基础课。生态文明教育作为建设社会主义生态文明的基础和前提，高校教育体系理应把生态文明教育课程提升到基础课地位。然而，大部分高校在生态文明建设的国情教育和生态保护课程的设置方面还几乎是空白。"高校作为培养国家未来建设者和接班人的重要场所，这种教学资源的空缺对我国日益严峻的生态危机无疑是雪上加霜。"因此，高校必须增设生态文明教育的公共基础课，彰显生态文明教育教学的主题。二是注意生态文明教育课程相关内容的协调性。高校既要保证生态文明教育的课程内容要与环境教育和可持续发展教育等相近教育内容相配合，做到承继传统，同时又要理顺结构，合理分配公共必修课和选修课、专业必修课和选修课、专题报告的比例结构及课程开设次序。另外，在课程内容的遴选上，高校要做到求真务实，注意课程衔接，确保课程内容的完整性和前瞻性。三是将生态文明教育渗透到高校思想政治理论课程中。目前，高校思想政治理论课承担着高校德育的重任，是大学生思想政治教育的重要渠道，在高校思想政治教育理论课程中进行生态文明教育具有得天独厚的优势。在"马克思主义基本原理""毛泽东思想和中国特色社会主义理论体系概论"及"形势与政策"等课程体系中分别进行马克思主义生态观专题、生态社会主义专题及新常态背景下中国的生态困境及治理思路等专题，让大学生深入了解当今时代的生态环境问题、人类和自然环境的关系、人应该负担的伦理责任和义务等，引导他们树立正确的生态观。四是加强生态文明教育教学的学术理论研究。高校在理论研究方面具有独特的人力、财力和环境优势，立足于生态文明教育教学中的问题进行学术研究，用取得的科研成果推进生态文明教育教学改革，是大学生生态文明教育良性发展的重要条件。

在教学体系上，首先要考虑的是课程的设置，主要包括两个方面：一是将生态文明教育内容纳入高校思想政治理论课当中；二是在专业知识教授的过程中渗透生态文明思想。思想政治理论课程对于大学生树立正确的"三观"起着重要的指引作用，是提高大学生生态文明素养不可或缺的途径。目前，高校思想政治理论课教学体系已经具备相对成熟的完善的教育模式，将生态文明教育纳入思想政治理论课程中也是现实发展的需要。高校将生态文明思想渗透到专业知识的教授中，就是将生态文明教育的内容融入各学科的教学中去，不断完善必修课、选修课和专业课相互补充的生态文明教育课程体系，形成既有通识普适性，又有专业针对性的优质生态文明课程集群。在教学过程中，通过教师专业的讲解，学生在获取专业知识的同时，可以领悟到生态文明的意义，在潜移默化的影响下，学生把专业知识和生态文明的思想自然结合，养成良好的生态文明意识，促成生态文明行为的自觉生成。高等教育中融合生态文明教育，从管理体系上关键是建立健全相应的教育制度，明确和落实生态文明教育相关教育主体的责任，形成体现生态文明教育所要求的、与现有高等教育体系协调统一的、有机结合的生态文明教育体制，实现高校内部各教育力量和资源的有效整合，促进生态文明教育在高等教育中的高效实施。高校在进行生态文明教育活动中，还应当引导大学生开展生态文明领域的科学研究，促进科研体系的融合，提高生态文明教育的实践体验性，通过组织各种形式的生态科研活动，使大学生切身体会到生态文明建设的紧迫性，了解生态文明的丰富内涵，并能在日常生活中自觉养成良好的生态习惯，在实践中提升学生的生态文明意识，使大学生能够从行动中切实为生态文明做出贡献，将生态文明教育的成效落到实处。高校需要不断深化生态文明教育内容，转变传统生态文明教育理念。在组织学生开展生态科研活动中，高校应结合自身优势，适时转变传统的生态文明教育理念，积极调整相关的科研教育体系，促进生态文明教育的全面开展，使得生态文明教育更好地融入高等教育，促进生态文明教育与高等教育的长足发展。教师在整个教育过程中起着主导作用。教师的生态文明素质是高校生态文明教育成功与否的先决条件，在高等教育中融入生态文明教育，对教师也提出了更高的要求。《塞萨洛尼基宣言》指出，"所有的学科领域，包括人文和社会科学，都需要考虑环境和可持续发展问题。可持续性要求一种整体的、跨学科的方法，在保持各自基本性质的同时，把不同的学科、机构结合起来"。也就是说，教师对教育的内容和方式方法要不断地改善和创新，具备跨学科的整体思维，掌握环境问题相关的最前沿知识和处

146

理最新环境问题的教育技能。此外，教师通过科研和自身的实践活动可以更好地对学生进行教育，自己的切身体会对学生来说更有说服力。教师积极参加实践活动，可以更好地促进师生间的交流。生态教育者在实践中可以获得新的认知，将新的认知重新带入实践，在循环往复的过程中提升自我。

整合教育资源，完善大学生生态文明教育体系，就是要转变教育理念。生态文明教育理念在教学过程中尤为重要，是教育行为活动的基础，同时它又对教育行为具有一定的影响。因此，教育理念的先进与否决定着培养教育对象的成败。提高大学生生态文明素质，教育理念的转变必须放在首位。高校传统教育理念已经不适宜当前的教育现状，传统教育理念迫切需要创新，大学生生态文明素质应当作为高校转变教育理念的首要要求。通过教育理念的转变使教育行为得以完善，生态文明教育进一步加强，努力培养"美丽中国"建设需要的新生代力量。整合教育资源，完善大学生生态文明教育体系，还是要强化师资培训，提高教师整体环境素养。教师是开展生态文明教育的关键环节，其是否接受过系统生态文明教育学习或培训关系到课程开设的广度、深度及质量。如果只是盲目开设生态文明教育类课程，而没有高水准的教师队伍，教育只会流于形式，无法取得预期效果。此外，在政治、经济和社会的快速发展中又会出现新问题、出台新政策，这就要求必须经常对教师进行相关培训。高校和政府部门应为教师开辟培训渠道，提供必要的进修和学习机会，引发教师对本学科所蕴含生态文明因素重新进行整合归纳，找准生态文明教育切合点，力争从不同角度、不同层面帮助学生树立正确的生态文明观。整合教育资源，完善大学生生态文明教育体系，仍然要推进教材建设，保障生态文明教育顺利开展。教材是课程开展的重要教学资料，是教育者进行教学的主要依据，是受教育者获得系统知识的主要资料。在目前国家高度重视生态文明建设及环境保护的背景下，建议相关部门组织行业领域专家、学者结合国家政策及生态文明教育现状，编写适用于高校生态文明教育的规范教材。教材应考虑不同专业的学科特点，凸显生态文明教育的灵活性。可设计不同学习模块，有利于不同专业选择学习，要注意教材编写深度，应从大学生的生活和思想实际出发，关注生态文明建设热点和焦点问题，启发大学生展开思考。整合教育资源，完善大学生生态文明教育体系，要创新授课模式，促成生态文明教育方法多元化。随着科技的飞速发展，大学生对新型授课模式的兴趣要远远高于传统课堂灌输式教育，对大学生进行生态文明教育时，要创新授课模式，采用多种授课形式来丰富课堂内容，充分利用互联网、多媒体、远程教育等多媒体资源。教育方法是否有效关键在于如何运用，因此更应注重对学生因材施教，要以课堂教授为主、多媒体教育为辅，以情感传递为主、社会实践为辅的教育方法，使生态文明教育从启发式教育到行为教育再到人本主义教育，促成教育方法多元化。整合教育资源，完善大学生生态文明教育体系，要加大实践环节比重，注重实践能力养成。大部分学生更愿意通过实践方式接受生态文明教育，通过亲身体验，学生能够从心底接受并认可生态文明建设的重要性，切实从思想意识上转变观念，进而在日常行为中提升生态文明建设的认可度和自发性。高校可以建设校外实践基地，丰富环境教育形式，形成有效的学生参观实践基地，定期组织学生参加社会实践活动，同时，可以成立学生环保社团，扩大生态文明教育宣传的范围与亲和度，增强大学生的生态敏感度。

生态文明教育的目的是培育具有绿色理念、环保意识、民族责任、生态知识和掌握生态技能的生态建设所需人才。大学生要加强生态文明的自我教育，提高自身参与的积极性，提升生态意识，树立正确的生态价值观。大学生应自觉树立环境价值意识、节约意识、消费意识和生态意识，自觉做到以绿色出行、绿色消费为代表的绿色生活方式，在生态文明建设中体现出大学生应有的生态价值观念，并将其传播到社会，推动生态文明建设。大学生还要积极参与各项活动，提升生态文明行为的自觉性。大学生在树立正确生态价值观的同时，也要将其应用到实践中，助力生态文明建设，如积极参与植树、生态文明调研等社会公益活动中，坚持文明的生活习惯，实现个人价值与社会价值的统一。大学生单独个体的行为或许微不足道，但大学生群体作为未来社会发展的重要力量，其生态文明行为将影响社会的发展动向，因此通过积极参与实践，将生态文明理念注入社会，可在全社会形成生态文明新风气。

第四节　大学生生态文明教育的实现路径

要培养适应生态文明建设要求的高素质人才，高校需要按照生态文明建设对公民生态素质的要求，遵循人才培养的规律，构建多维路径的生态教育体系。

一、大学生生态文明教育的支撑路径：思政课程

大学生生态文明教育的支撑路径是思想政治课程。在思想政治课程中进行生态文明建设理论教育，可为高校开展生态教育提供理论支撑。大学生生态意识的培养，自觉保护生态环境良好行为习惯的养成，需要有生态文明建设的相关理论知识作为支撑。从高校教学的实际来看，高校开设专门的生态文明建设理论教育课程不现实，只能在相关的课程中挖掘生态文明建设理论教育方面的内容。高等院校思想政治理论课"毛泽东思想与中国特色社会主义理论体系概论"中含有建设社会主义生态文明的内容，思想政治理论课教师在教学中，可以根据教材内容对大学生进行生态文明建设基本理论教育，并可以结合专业特点进行拓展。通过教学，高校使大学生明确进行生态文明建设的重要性、节约资源和保护环境是我国的基本国策、生态文明建设的基本要求，引导大学生正确认识自己在生态环境保护中的责任和义务，帮助大学生养成自觉保护生态环境的良好习惯。大学生认识和掌握了生态文明建设的基本理论，就为生态意识的培养及自觉保护生态环境良好习惯的养成奠定了理论和知识的基础。

二、大学生生态文明教育的渗透路径：文化和专业类课程

大学生生态文明教育的渗透路径是文化类课程和专业类课程。高校应充分挖掘文化类课程和专业类课程中生态教育的内容，进行

生态教育的渗透。在高等院校的文化类课程和专业类课程中，有着丰富的生态教育的内容，可以挖掘蕴含在教学内容中的生态教育的内容，进行生态教育的渗透。挖掘文化类课程和专业类课程中生态教育的内容，进行生态教育的渗透，需要注意三个方面的问题。一是任课教师要熟悉生态教育的相关理论和知识，才能更好地挖掘蕴含在教学内容中的生态教育的内容，这就需要对任课教师进行生态教育相关理论和知识的培训；二是进行生态教育的渗透，需要和相关教学内容结合起来；三是在生态教育的渗透中，要结合专业特点，注意引导学生在今后的工作中践行生态文明建设的要求，为维护好生态环境贡献自己的一份力量。

三、大学生生态文明教育的体验路径：实训和实践课程

大学生生态文明教育的体验路径是实训和实践课程。高校应该在大学生实习实训和社会实践活动中，融入生态文明教育的内容，进行生态教育的体验。高等教育的一个重要特点是学生有大量的实习实训，另外，大学生的社会实践活动也是高校教育教学的重要内容。在高校学生的实习实训和社会实践活动中，也蕴含着丰富的生态教育的内容，这就为在学生实习实训和社会实践活动中融入生态教育的内容，进行生态教育的体验提供了可能。在大学生实习实训和社会实践活动中融入生态教育的内容，进行生态教育的体验，需要注意三个方面的问题。一是在学生的实习实训中，要教育和引导学生维护好工作场地的环境卫生，并在实习实训中尽量减少对能源的使用和对环境的污染；二是在社会实践活动中，可以组织学生到

生态环境较好的地区和生态环境较差的地区进行社会实践，让学生在对比中真实体验到良好生态环境对满足人们美好生活的重要性；三是可以组织学生进行生态文明的宣传活动，或组织学生进行生态文明建设方面的调研，通过这些活动，加深学生对生态文明建设重要性的认识，并在实践中培养学生的生态意识及自觉保护生态环境的良好习惯。我们要借助非政府组织力量，获得专业支持。非政府组织以倡导环境保护为宗旨，通过举办公益讲座、印刷资料、出版书籍、组织培训、新闻报道等多种形式的活动，对社会大众进行生态文明与环境保护的宣传教育。环保组织是专业性较强的团队，建议高校加强与环保组织沟通合作，与其共同开展生态文明教育的相关课程和实践活动，发挥环保组织的引领示范作用，增强大学生的生态文明意识。

四、大学生生态文明教育的深化路径：校园文化活动

大学生生态文明教育的深化路径是校园文化活动，校园文化活动是高等院校教育教学的重要内容。校园文化活动在学生品质的形成、良好习惯的养成中具有重要作用。高等院校的校园文化活动具有内容丰富、形式多样的特点，这就为在校园文化活动中注入生态教育的内容，进行生态教育的拓展和深化提供了可能。高校要将生态文明教育纳入学校第二课堂素质教育体系，并逐渐引入第一课堂。生态文明起源于中国古代文化，是中国古代思想注入新的内涵后在当代社会的应用，大学生要把生态文明作为实现中华民族伟大复兴的战略思想来加以认识和理解，在学习、工作和生活中进一步深化

和推广。充分利用第二课堂素质教育的平台，将生态文明纳入第二课堂素质教育体系，并作为重点课程、活动和实践项目加以推进和实施，这样不仅解决了生态文明教育进课堂的问题，而且也解决了生态文明教育推进缓慢的问题。在校园文化活动中注入生态教育的内容，进行生态教育的拓展和深化，需要注意四个方面的问题。一是要结合生态文明建设的要求及生态教育的需要，组织开展与生态教育和生态文明建设相关的校园文化活动，如生态文明建设及生态教育的演讲、征文、辩论比赛等活动，让学生在活动中接受教育；二是要组织相关的学生社团、支持生态教育方面的学生社团开展活动，发挥学生社团在生态教育中的积极作用；三是在校园文化活动中，要注意培养学生的生态意识，在活动中尽量减少对资源的消耗和对环境的破坏；四是在校园文化活动中，要注意帮助学生养成自觉保护生态环境的良好习惯。高校要利用校园环境，开展行之有效的生态文明教育。环境本身就是一种有效的生态文明教育资源，学校校园对学生来说就是一个实际存在的环境。高校可以通过有效的校园环境建设和管理，引导学生学习垃圾分类、能源管理、水源使用、校园绿化等相关技能，为学生提供真实的实践和体验空间，形成"在环境中的教育"和"为了环境的教育"，对将来的行为模式起到示范作用。

五、大学生生态文明教育的隐性路径：生态校园打造

　　大学生生态文明教育的隐性路径是生态校园打造环节。打造生态校园，通过环境熏陶培养和提高大学生的生态文明意识。大学生

生态意识的培养，自觉保护生态环境良好习惯的养成，不仅需要教育和引导，还需要有环境的熏陶。高等院校在校园规划建设方面，要按照生态文明建设的要求，打造生态校园，为学生的学习生活提供良好的校园生态环境，用校园良好的生态环境熏陶感染学生，促进学生生态意识的形成和自觉保护生态环境良好习惯的养成。打造生态环境，为大学生生态意识的形成和自觉保护生态环境良好习惯的养成提供校园环境支撑，应注意四个方面的问题。一是在校园建设上，应多种植树木花草，把校园建设成为绿树成荫、满目春色的生态校园；二是把自然环境的建设和人文环境的建设结合起来，形成人与人、人与自然和谐相处的良好校园环境；三是在校园建设及师生学习生活的保障方面，尽量减少资源的消耗和污染物的排放，履行学校在生态文明建设和环境保护中的责任；四是把生态校园建设和校园生态环境保护结合起来，既注重建设，又注重保护，才能真正把校园打造成为生态校园，才能使学生受到良好生态环境的熏陶和感染，促进学生生态意识的培养和自觉保护生态环境良好习惯的养成。

六、大学生生态文明教育的拓展路径：网络生态文明教育

大学生生态文明教育的拓展路径是开展网络生态文明教育。高校可以通过开展网络生态文明教育，采取相应的措施来巩固和提高生态文明教育的效果。一是增设生态文明专题教育的网络课程，对学生进行生态文明的专题教育，这对于系统掌握相关知识是非常重要且必要的。高校可以整合各个高校的教育教学资源，聘请专家学者，开设生态文明教育专题课程，以必修或通识选修课的方式，对

大学生进行生态文明知识的普及讲解。高校可以鼓励教师开设网络生态文明课程，改变传统授课方式，通过网络课程学习提高互动性，让学生通过自主学习获取知识。网络课程可以开辟交流互动板块，这样利用网络交流互动的便捷性打破了单纯的讲授灌输式的方法，可以提高大学生的积极性和主动性，也可以引导大学生形成独立思考生态文明问题的思维模式，通过互动交流，可以实现学习方法的讨论、生态文明观点的交流等，可以有效增加学习的效果。二是利用网络从单向传播转为信息反馈。高校通过网络教学，利用网络从单向传播转变为信息反馈，从单一功能转变为集成互动，增加实践的内容，将理论与实践相结合，鼓励师生在网络课程上留言交流，针对学习中出现的问题及时沟通、交流，让老师及时掌握大学生的学习动向和问题，大学生则可以及时更正自己偏差的观点，从而对生态文明产生正确的认识。我们应该充分利用高校特有的学科优势，不仅进行网络生态文明教育，同时也要开展网络生态意识教育、网络生态道德教育、网络生态法制教育等。高校要将生态自然观、生态哲学观、生态价值观、生态道德观及生态法治观等与实际生态问题结合起来，鼓励大学生积极发现周边的生态问题，并进行深入的分析、提出解决的方法，争取推进生态问题的解决，推动大学生将所学知识及时运用到日常生活中，并促使其养成节约、环保的生活习惯，让教学内容渗透到日常生活中，不仅仅是理论的学习，更是行动上的不断尝试和完善，实践中的深切体会和践行。三是建立高校生态文明专题网站。高校应组建具备专业环保知识，并能够熟练利用新媒体进行生态文明教育的教师队伍；建立具有生态时事资讯、生态文明成果、教育教学互动、生态理论相关研究、政策及法律法规宣传、生态文化交流及宣传互动于一体的生态文明专题网站；发挥教学科研优势，鼓励专业人员，紧密围绕生态文明建设、生态环保知识宣传、倡导绿色消费、可持续发展理念等开展宣传活动，积极引导网上言论。选拔思想政治素质过硬、熟悉生态文明建设和网络工作、具有一定文字写作能力、能够积极主动开展工作的骨干人员，组建相对固定的网络生态文明宣传志愿者队伍，围绕重大活动、重要节庆纪念日等进行生态文明教育纪念活动。在活动开展过程中，组织高校学生积极撰写原创博文、微博、评论、留言，通过发帖、转帖、跟帖等方式，大力开展网上宣传活动，鼓励更多学生参与到生态文明实践活动中来。四是建立有效信息筛选和资源共享平台，为了提高生态文明专题网站信息的有效性，保证高效性的筛选，可组织环保知识丰富、熟悉网络操作、对环保公益活动积极主动的志愿者队伍，对有效信息进行筛选整理，确认信息的准确性及正确发布等，提高大学生搜索生态文明信息的效率。高校应当注意网站的设计要灵活、人性化，方便使用，可以增加专栏，分享高效搜寻有效信息的方法和途径，对获得一致好评的方法应予以推广；建立高校生态文明交流平台，分享各高校生态文明教育的方法、存在的问题及解决的办法等内容，发挥网络的和谐共享性，各高校学生可以共享有价值的网站、链接等，就生态文明学习的资源、问题，对当下生态文明问题进行探讨等，促进交流，迸发出思想碰撞的火花。在这个过程中，可以激发大学生深入思考各种生态文明问题，并不断拓展思路、开阔视野，从而对生态文明的内涵有更全面的认识。

第五章　大学生生态文明教育的育人平台

第一节　大学生生态文明教育的科研育人平台

一、大学生生态文明教育科研育人平台的构建

2016 年，中共中央、国务院印发了《关于加强和改进新形势下高校思想政治工作的意见》，其中强调指出，加强和改进高校思想政治工作的基本原则之一是坚持全员全过程全方位育人；把思想价值引领贯穿教育教学全过程和各环节，形成教书育人、科研育人、实践育人、管理育人、服务育人、文化育人、组织育人长效机制。

人类社会的文明进步离不开科学技术作为第一生产力的推动作用，解决生态环境问题同样离不开科学技术。大学生生态文明教育是包括知识、技术、意识、行为养成等多方面内容的系统教育。创

新创业教育是当前高校十分重视的人才培养途径。生态文明教育与创新创业教育在科学技术方面交叉相融，把大学生创新创业教育与生态文明教育相融合是切实可行的，也是引导大学生形成正确的科学观、价值观的重要途径。

近年来，党中央高度重视高校的创新创业教育，各高校紧紧围绕以学生发展为中心，重视学生创新精神、创业意识、创新创业能力的培养。青年是国家和民族的希望，创新是社会进步的灵魂，创业是推动经济社会发展、改善民生的重要途径。青年学生富有想象力和创造力，是创新创业的有生力量。党中央高度重视高校的创新创业教育。党的十八大以来，我国不断深化高等学校创新创业教育改革，修订人才培养标准、改革育人机制、加强师资队伍建设、强化创业实践训练、构建创业帮扶体系，把创新创业教育融入人才培养，为建设创新型国家提供源源不断的人才智力支撑。党的十八大提出了"科技创新是提高社会生产力和综合国力的战略支撑，必须摆在国家发展全局的核心位置"，强调要坚持走中国特色自主创新道路、实施创新驱动发展战略。2015年3月，李克强总理在政府工作报告中，发出了"大众创业、万众创新"的号召。国务院2015年6月16日发布的《关于大力推进大众创业万众创新若干政策措施的意见》强调，"要把创业精神培育和创业素质教育纳入国民教育体系，实现全社会创业教育和培训制度化、体系化"，"引导和推动创业孵化与高校、科研院所等技术成果转移相结合，完善技术支撑服务"。

大学生创新创业教育作为适应经济社会发展新常态的人才培养模式，以及提高人才培养质量的突破口，各高校普遍搭建了比较成体系的平台，形成了相对成熟的体制机制，为大学生创新创业能力培养提供了有利条件和保障。在对大学生进行创新精神、创业意识培养方面融入生态文明思想，把环境保护、资源节约利用作为一种科研育人的价值导向融入人才培养理念中，就可以有效利用现有的科研育人平台开展大学生生态文明教育，使生态文明教育有了平台支撑，同时丰富了科研育人的内涵。

二、实践案例：把生态文明理念融入创新创业教育

（一）大学生创新创业教育体系的建立

在培养创新创业人才的过程中，各高校探索出了具有自身特色的符合学生实际情况、符合目前社会发展的创新创业育人体系，进一步完善了各高校育人模式。哈尔滨工程大学作为一所以"三海一核"为特色的理工类高校，坚持"高原之上竖高峰，创新基础育创业"的理念，贯彻全过程的"专创融合"、全体教师参与、全体学生受益的大学生创新创业教育思路，构建创新创业课程教学、创新创业实践训练、创新创业企业孵化的链条化、递进性的"三段式工作体系"来全方位提升创新创业人才的培养水平。近年来，紧紧围绕提高人才培养质量，全面落实立德树人根本任务，以学生发展为中心，深化创新创业教育改革，重视学生创新精神、创业意识、创新创业能力培养，推进国际化进程，着力培养"视野宽、基础厚、能力强、素质优、可靠顶用"的一流工程师、行业领军人才和科学家，构建全员育人大格局，努力开创大学生创新创业工作的新局面。

1. 用创新创业课程夯实学科基础，构造"课程推进型"教育模式

近年来，哈尔滨工程大学陆续开设、认定 39 门涵盖研究方法、学科前沿、创业基础等方面的创新创业类通识教育课程，以及 59 门就业创业指导课程。学校建立了一支校内外、专兼职相结合的创新创业教师队伍，积极聘请创投基金、银行金融、财务法律、高等学校等社会各界专家，搭建创业导师人才库，推进创业导师工作的长效化、规范化、制度化。师资队伍包括 32 名校内教师和 86 位企业的创业导师，更有一大批来自不同学院的专业课教师在日常工作中对大学生的创新创业教育活动进行全方位的指导。同时，学校建立创新创业工作激励机制，把创新创业工作业绩作为教师专业技术职务评聘及岗位聘期考核的重要内容，激励教师从事创新创业教育指导、理论研究等工作。

2. 用创新创业项目巩固专业知识，构造"项目参与型"教育模式

哈尔滨工程大学经过多年的改革与实践，不断提高大学生创新创业实践能力，以全面普及创新创业活动为原则，着力打造大学生创新创业"高原"。哈尔滨工程大学针对不同年级的学生以不同项目类别进行引导，实现创新创业的全方位开展，如针对大一、大二低年级学生，设引导型创新创业训练项目、校级创新创业类比赛以及"一院一品"活动，开设公共选修基础课，并采用学分制管理，要求学生选择性地学习一定学分课程，旨在促进学生主动学习理论知识，为学生普及相关知识，激发学生创新创业兴趣，培养创新创业思维

和意识，鼓励创新创业实践；同时，以赛促教，根据各专业学生的学科优势，提倡学生自主立题立项，有针对性和计划性地培养创客，普及创新创业知识，打造创新创业高原。面对本科全体学生，实施普通型创新创业训练项目、鼓励学生参加校外学科竞赛，促进专业课程的运用和深入理解，做到专、创融合，即专业知识与创新创业有机结合，提高学生的专业实践能力。为打造学生创新创业"高峰"，提高学生的创新创业能力，主要针对本科高年级或研究生，鼓励申报重大型创新创业训练项目，并推荐创新创业知识储备丰富、实践能力强的学生参加全国创新创业类竞赛。

3. 用创新创业竞赛强化跨学科合作，构造"专业实践型"教育模式

哈尔滨工程大学以"启航杯""五四杯"等普及性创新创业活动为牵引，强化各年级学生对专业技能的掌握、促进跨学科学生交流合作。鼓励并扶持校内优秀项目参加高水平、高层次校外创新创业竞赛，如"挑战杯"全国大学生课外学术科技作品竞赛、"挑战杯"全国大学生创业计划大赛、"互联网＋"全国大学生创新创业大赛等，以赛促创，全面提升创新创业实践能力。

4. 用创新创业实践基地促进成果转化，构造"产学研合作型"教育模式

哈尔滨工程大学"创立方"大学生创客工场，集创新创业知识学习、创新创业信息交流、创新创业技能训练、创新创业成果展示、创新创业培育服务等功能于一体，服务于跨学科、跨年级、综合性的创新创业项目，引导学生从面向"竞赛型的创新"升级为面向

"市场型的创新"，进而通过创业实践实现市场价值，打造学生创新创业"高峰"的"产业链"。

学校现有共建的国家级工程实践教育中心 7 个，国家级大学生校外实践教育基地 4 个，校外实习实训基地 137 个，全校各专业都有多个固定的校外实习基地，满足学校各专业实习需要。国家大学科技园于 2001 年投资建设，总投资 6 亿元，占地面积 7.6 万平方米，建筑面积 30 万平方米，科技产业用房 8 万平方米，其中孵化场地 3 万平方米，2016 年围绕"三海一核"特色成立了哈船众创生态园，全方位为大学生提供场地支持和服务支持。大学科技园拥有创业孵化场地 3 万平方米，为初始创业者提供共享服务空间、经营场地、政策指导、资金申请、技术鉴定、咨询策划、项目顾问、人才培训等多类创业的服务。

（二）大学生参与的科技竞赛及项目

全国大学生节能减排社会实践与科技竞赛是教育部高等教育司主办的全国性大学生课外科技作品竞赛，是教育部落实国家"节能减排全民行动计划"的重要举措，是"节能减排学校行动计划"的主要内容之一。竞赛以"节能减排、绿色能源"为主题，以"培养普及节能减排意识，提高科技创新能力"为宗旨，自 2008 年起每年举办一届。在教育部的直接领导和广大高校的积极参与下，全国大学生节能减排社会实践和科技竞赛起点高、规模大、精品多，覆盖面广，是一项具有导向性、示范性和群众性的全国大学生竞赛，该项赛事已成为全国各高校普遍认同的国家级主题竞赛之一，并在全社会形成了较为广泛的影响。近年来节能减排大赛，涉及 2 万余件作品，各高校大学生通过跨学科、跨专业的合作提升了节能减排大赛的规模，扩大了大赛的影响力，提高了大学生的创新能力和环保意识。

　　哈尔滨工程大学动力与能源工程学院牵头成立了节能减排创新团队，以节能减排大赛等高水平创新创业赛事为依托，开展以专业教师为指导，研究生带动本科生投入科研实践的培养模式，提高本科生的科学研究能力，在历届节能减排大赛及其他大学生创新创业竞赛中获得国家级奖项十余项。部分学生科技作品如图 5 - 1 至图 5 - 4 所示。

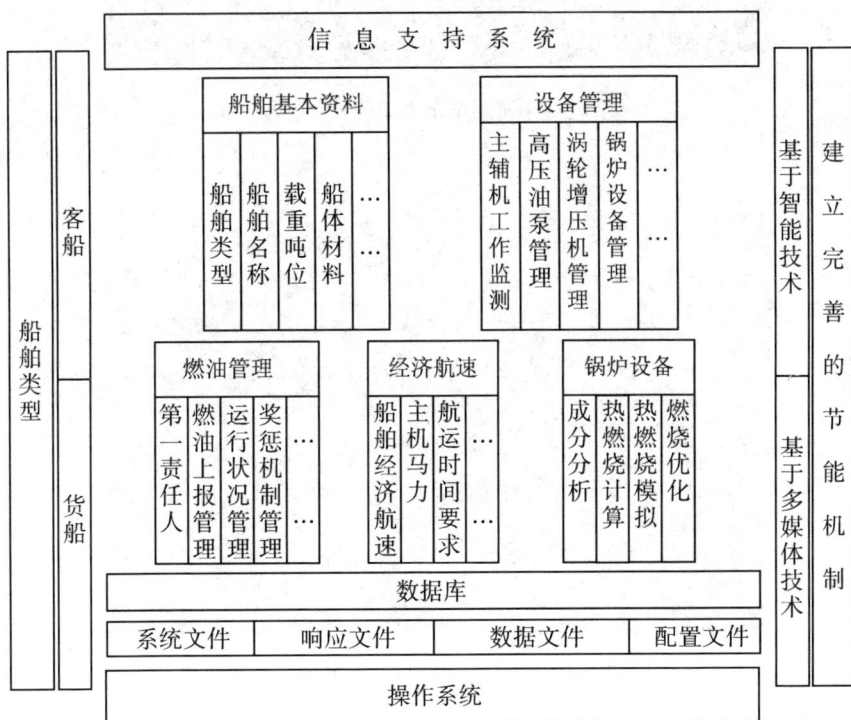

图 5 - 1　客货船航运节能减排应用系统

图5－2　高层雨水收集与利用装置

图5－3　涡激振动发电装置

图 5-4　外燃机动力代步工具

第二节　大学生生态文明教育的实践育人平台

一、大学生生态文明教育实践育人平台的构建

中国共产党第十八次全国代表大会报告中提出，要把生态文明建设放在突出地位，融入经济建设、政治建设、文化建设、社会建设各方面和全过程，努力建设美丽中国，实现中华民族永续发展。①十八大报告将生态文明建设列入重要议题，这在中共历次代表大会政治报告中尚属首次。生态文明观念支撑了生态文明建设，大学生作为生态文明的建设者和开拓者，更应该了解生态文明。当前大学

———————

① 中国共产党第十七次全国代表大会文件汇编［G］. 北京：人民出版社，2007.

生存在生态文明知识匮乏、生态文明意识淡薄、生态文明行为失范等问题，大学生的整体生态文明素养有待提升。① 盲目攀比、过度消费、透支身体的行为，严重危害身心健康，对于营造良好的学风和校风十分不利。改善当前大学生的学习生活现状，积极落实生态文明教育已经成为一个迫在眉睫的问题。大学生应是未来的社会精英，有必要去了解生态文明建设的具体实践和落实情况，从而使自身受到启发和教育。

实践是应用广泛的教育方法，将教育目的与实践性活动相结合，是高校推进立德树人和提高人才培养质量的重要途径。社会实践活动作为大学生认识社会了解社会的直接途径，是十分重要和必要的。暑期调研实践对于大学生来说是一个深入基层、增长见识的重要契机。怎样利用暑假的时间真正去学点什么、做点什么是大学生应该思考的问题。暑假成为很多大学生学习的新阵地，是大学生展现青春风采，增长知识、见识，吸取社会经验的好机会。通过开展相关的调研实践，大学生更能体会生态文明理念的精髓。

目前大学生社会实践活动有国家级、省级、高校及二级学院所组织开展的各层面社会实践活动。国家级平台最具代表性的是由共青团中央等部门牵头组织开展的全国大中专学生志愿者暑期文化科技卫生"三下乡"社会实践活动。2019 年活动围绕理论普及宣讲、历史成就观察、科技支农帮扶等 9 个方面，组建 3000 支全国重点团队，深入田间地头、社区街道、厂矿车间、部队军营，尤其是革命

---

① 王逸凡. 当代大学生生态文明教育面临的问题及对策研究［D］. 天津：天津工业大学，2014.

老区、贫困地区、少数民族地区和建设新时代文明实践中心试点地区的乡村开展社会实践活动。在全国重点团队基础上，聚焦学习宣传习近平新时代中国特色社会主义思想、投身打赢脱贫攻坚战、投身乡村振兴战略实施，联合有关单位，重点组织开展三大系列共20项专项计划。在团中央的号召下，各省及高校团组织每年暑期都会组织三下乡专项行动。此外，社会实践作为一个重要的育人途径和内容，各高校团组织及人才培养相关部门普遍重视开展大学生日常社会实践活动。随着中央不断提高生态文明建设的高度，关于生态环保、资源利用等主题成为大学生社会实践活动的常见和热点主题，每年有大批大学生参与到相关的主题实践活动中去。

二、实践案例：通过调研实践了解社会现实

（一）大学生暑期社会实践调研案例之一：关于农村生活对松花江水质情况影响的调研

随着人们对环保问题的日益关注，水质问题逐渐进入人们的视野。水是生命的源头，是既常见而又稀缺的资源，然而有关水污染的报道越来越多，这对于原本稀缺的资源来说更是雪上加霜。对此哈尔滨工程大学的大学生对依兰县周边的农村开展关于农村生活对松花江水质情况影响的调查，通过与村民交流和实地考察当地情况，得出相关结论进而倡导大家保护水资源。

1. 依兰县周边地理情况

调查对象主要为依兰县周边农村和农场的居民，主要地点为迎兰朝鲜族自治乡下辖的德裕村、和平村、双湾村以及黑龙江省农垦局下属的依兰农场。这些区域皆沿松花江分布，与松花江有密切关联。

迎兰朝鲜族乡，旧名"庙街"，因屯西有庙而得名，原属汤原县管辖。东北沦陷后，隶属日升村。1946年8月由汤原县划归依兰县管辖，设置和平区，后改为第十一区。1956年3月，并村划乡，设置迎兰乡。1958年10月，改称迎兰人民公社。1984年4月，改为迎兰乡。同年10月，改为迎兰朝鲜族乡。朝鲜族人口占全乡总人口的23.3%。

德裕镇隶属依兰县管辖，位于县境北部，南濒松花江，北与伊春市毗连，哈萝公路穿境而过。镇政府驻地距县城12.5公里。原属汤原县管辖。东北沦陷后，隶属舒乐村管辖。1948年划归依兰县，隶属和平区，后改为第十一区。1956年3月并村划乡，分设集贤乡和舒乐乡。1958年10月，成立红太阳人民公社，同年末划归依兰农场。1962年从依兰农场划出，成立德裕公社。1984年4月政社分开改为德裕乡，同年12月批准改为德裕镇。

黑龙江省依兰农场始建于1959年，位于黑龙江省依兰县境内，松花江北岸，辖区总面积56.29平方公里，耕地6.53万亩，林地湿地3万亩，总人口3700人，年国内生产总值6130万元。

和平村位于迎兰朝鲜族乡政府北侧6公里处，村中现有人口280人，共70户，土地面积500公顷，辖3个自然屯，村中有小学一所，诊所一个，村领导班子由5人组成，政务公开是按季度公开。村中种植水稻500公顷，亩产1000斤。村中有一个蛋鸡养殖户，养蛋鸡2000只。村中有1000人在外务工。现和平村有线电视入户率达99%，通信设备入户率达100%，自来水入户率达100%。

2. 访谈情况

调查采取入户访谈和实地考察的方式。采取这两种方法的原因在于依兰县周边地区经济发展缓慢，网络普及程度较低，无法从网络上获得较多的本地真实的基本信息。入户访谈是切实可行的方式。经过自然大学营友较为专业的访谈培训后，开展分区分片广泛的入户访谈，获得许多客观真实的资料，从村民口中获得了许多当地存在的环境问题及环保相关的民生问题。在与村民的交流中，学生不仅了解了当地存在的环境问题，也对当地的风土民情以及当地的历史沿革有了更多的认识。采用实地考察方式主要针对许多村民提出的当地存在的环境污染问题开展实地调查，此次实地考察主要包括德裕镇、依兰农场对应松花江流域的走江活动，考察依兰农场自来水场，以及探访依兰农场的垃圾处理厂。通过实地考察与村民提及问题进行对比，得出许多结果与居民所提一致，甚至有些问题更加严重。总之，通过入户访谈以及实地考察的方式对依兰县当地存在的环境问题进行了完整和客观的调查活动，对于调研成果的完整提出提供了巨大的帮助。

入户调查的对象为德裕镇、依兰农场、双湾村、和平村的常住居民，其中由于和平村为朝鲜族自治村，居民多数外迁，调查结果搜集较少不予以赘述。入户调查的内容涵盖当地的发展历史、目前的发展状况、居住环境、日常生活、环境问题等。其中比较普遍和突出的问题为当地的生活用水问题以及垃圾问题。

（1）德裕镇

德裕镇的环境问题与当地的发展密切相关。据村民所述及相关资料显示，德裕镇以前曾成立过德裕公社，由此德裕镇才发展成为一个小镇，由当地的镇政府管理。在当地镇政府的管理之下，德裕镇发展十分迅猛，由几百户的小乡镇成为一个 2000 多户的镇，由于镇政府坐落于镇中，镇中的垃圾处理由政府接管并处理十分得当。后来德裕公社迁入迎兰朝鲜族乡，德裕镇镇政府也迁出德裕镇并降级为村，归属于迎兰朝鲜族乡。就这样德裕镇的居民被"抛弃了"，随之而来的就是德裕镇日渐没落，和大多数的村落一样，成年人外出打工或去农场工作，孩子被送到乡镇读书，寒暑假时被送回祖父祖母家。当地居民的生活质量明显下降，当地的环境问题就变得尤为突出了。以前由政府操办的垃圾处理部门已经找不到踪影，村民们的生活污水与生活垃圾都倒在沟渠里或者直接将垃圾堆放到一起形成一个垃圾堆。有些村民将垃圾直接倒入松花江中随着江水漂走。有农用车的居民会把垃圾装在车中定时把垃圾扔到偏远的山沟之中。那些倒在沟渠里的垃圾每逢降雨时会随着水流冲进松花江再顺着江水漂到下游。据生活在沟渠旁的村民透露，冬天时沟渠中的垃圾可以堆置很高，即使冬天极为寒冷但气味仍旧浓重，之后再随着春天的降雨被冲入江中气味才消退。

（2）依兰农场

依兰农场紧连德裕镇，然而依兰农场与德裕镇差距甚大。依兰农场随处可见的是六层的居民楼和整齐的平房，基础设施较德裕镇可算是极为完善，随处可见分类垃圾箱和大垃圾箱，并且垃圾都能及时清理，没有垃圾成堆的现象。这就是依兰农场给我们的第一印象，然而通过入户访谈之后，我们知道了它"不为人知"的一面。

　　每当学生进入一户居民家中的时候，居民们都会热情地给我们介绍依兰农场的相关情况，也都会不约而同地拿出他们的饮用水给我们"秀一秀"。居民给我们展示三份水样：德裕镇居民饮用水、沉降半天后取上清液的依兰农场居民饮用水、刚接的依兰农场居民饮用水。很明显，依兰农场居民的饮用水存在很大问题。据居民反映，当地居民目前饮用水多取自附近的德裕镇，自己的自来水不能用来洗白衣服，更不用说做饭饮用了。据了解，当地的饮用水主要取自地下水，一共有过三口井，第一口井在建楼时被填平，后打的井接二连三出现水质浑浊的问题已困扰居民许久。有居民表示目前使用的新水井钻深很浅，并且距离附近的农田不足 50 米，该水井应该是从以前的农田地上打出来的水井，很有可能造成饮用水污染。问及当地居民生活污水的处理及排放时，有居民提供信息说污水顺着管道就直接排入松花江中了。当问及社区的垃圾处理情况时居民表示较为满意，当地的垃圾通过环卫工人收集装车后直接运到离依兰农场 1 公里外的垃圾处理厂进行填埋处理。据此，我们在日后的调查过程中采取了实地考察的方式，探寻当地的饮用水、污水，以及生活垃圾的处理状况。

　　（3）双湾村

　　双湾村与德裕镇、依兰农场相比经济发展较为落后，其产生的垃圾多数为可自然降解的垃圾，虽然没有完善的垃圾处理系统但不存在垃圾堆放造成环境污染的问题。据当地居民描述，他们了解乱扔垃圾和乱排污水会对环境造成一定的影响，也会危害自己的身体健康，可是心有余而力不足，并没有相关的机构或组织去改变乱排乱放现状，村民们也表示较为无奈。双湾村也面临着饮用水水质问题，当地饮用水取自浅水井，每逢雨天时水质就会变差，或受到地表污染时水质也会明显变差。

双湾村靠巴兰河附近，此流域内巴兰河水质好，所以常用来为这一区域的农田灌溉。当地村民对于农药和化肥的使用剂量并没有把握，只知越多越好，或看庄稼长势不好就多加一些，导致用巴兰河的水浇灌农田后产生的大量农业废水顺着地表流入松花江中，对松花江水质造成了极大的污染。

3. 实地考察情况

实地考察主要侧重对村民所述的情况加以验证和深入了解，进行了松花江走江活动、考察依兰农场自来水处理厂、探访依兰农场垃圾处理厂三项考察活动，收集了许多重要信息，为验证居民所述情况和进一步掌握情况提供很大帮助。

（1）依兰农场自来水处理厂

根据当地居民对新水井的描述，学生来到了依兰农场的自来水处理厂，了解了内部的结构设施。与大多数自来水厂的处理方式相同，该自来水厂有沉降过滤以及消毒的设施，采取的是加氯消毒的方式。整个过程是符合处理自来水的流程的。但是该自来水厂的水源的确存在问题，该水井与附近农田的距离相距太近，水井附近就是农田，很容易造成饮用水水质污染，且在自来水厂后面发现了一个用来排污的水管，从里面排出来的水为深红棕色，直接排到水沟之中。

（2）依兰农场垃圾处理厂

经过探访当地多户居民和多位路人的帮助，学生经过一条一侧种满玉米的土石路，来到了依兰农场垃圾处理厂。根据之前从居民那里了解到的一些信息，这个垃圾处理厂原为当地的砖厂，砖厂一直在这个地方取土，取土产生了很多大坑，这些大坑现在就用于垃圾掩埋，这就是他们所看到的垃圾处理厂。没有大门，没有工作人员，只有一小堆一小堆的垃圾和成群的苍蝇以及恶臭的气味，前方是一片围栏，围栏的后面就是松花江。这就是依兰农场的垃圾处理厂。没有更多的处理，没有监管，没有掩埋，只是把垃圾统一堆放在挖出的大坑里。

（3）松花江沿岸情况

走江活动分三次进行。第一次由于时间原因和了解的内容不够全面只在德裕镇所在的上游进行了定点观察。我们发现松花江江面上漂浮着黄白色泡沫，且泡沫在岸边聚集成团，泡沫彼此间并不融合，在太阳的直射下也不破裂而是慢慢地将内部的水分蒸殆尽，最后形成了成团的棕黄色泡沫状的固体，用手碰触会破坏其结构变成细灰。初步推测其为上游农田灌溉后冲积下来的农药化肥残液。

第二次走江由依兰农场所在的下游地区向德裕镇所在的上游前进。我们初步观察松花江岸边的生态和江水状况，发现了四处疑似污水排放与垃圾冲积的地区，并进行了拍照和录制视频。第一处能够看到源源不断的水流顺着山坡潺潺流下，直接流入松花江中，水流下方的泥土为暗绿色，周围干燥的土地为灰白色，掀开土地后能够闻到阵阵恶臭，周围苍蝇成群。第二处为疑似村民所述的垃圾冲积的沟渠，沟渠两侧的植物上挂满了方便袋和其他垃圾，河岸上也遍布各式各样的垃圾，能够看到和第一处相似的土壤，也有明显的水流冲积痕迹。第三处与第二处类似，但水流并未完全干涸，能够看到水流在江岸边蓄积一小滩，表面长满绿色菌类，水体发臭。第四处有较为明显的人工制造的痕迹和自然冲刷的痕迹，规模较第二处与第三处更大。

第三次走江是对第二次所走路线进行了更加深入的探访，第一处的源头为一个污水管，为依兰农场社区的污水排放管道；第二处的源头应为德裕镇村民倾倒垃圾的沟渠。

4. 结论及建议

经过以上调查可以看出，依兰县周边地区（德裕镇、依兰农场、双湾村、和平村等）居民的生活对松花江的水质直接或间接地造成了影响。其主要影响在于当地居民对于生活污水和生活垃圾的处理不得当，缺乏正确处理的意识和能力，导致当地的生活污水以及农业污水对松花江水质造成直接影响。生活垃圾的不当处理对松花江水质造成了直接或间接的影响。当地存在着一定的饮用水污染问题，也间接影响着松花江的水质。居民虽然了解当地所存在的一些环境污染问题，但有些就默默地忍受了下去，有的虽然提出了意见但并没有能力去改变周围的环境。当地居民从主观上来说缺乏一定的环保意识，从客观上来说缺乏改变现状的能力。

针对上述结论给出的建议是：要加强环保宣传力度，强化环保知识教育，以充分贯彻落实党的十八大上提出的加强生态文明建设的要求，自上而下地进行环保宣传，自下而上地进行环保教育。这样才能从思想上让人们接受环保、理解环保，并参与到环保中去。

从政府的管理上，管理机构要树立可持续发展思想，将环保不仅树立于心中，更要付诸实际，加大环保投入力度，更多地接受居民合理化建议，扶持民间环保组织，为建设和谐环保的生活环境共同努力。

（二）大学生暑期社会实践调研案例之二：北方寒冷地区沼气利用情况调查

1. 调查基本情况

（1）调查背景

当前，能源危机是世界性的问题，人们对再生能源的利用越发地重视。生物制甲烷技术在各国都得到了长足的发展。在中国的南方城市生物发酵制取甲烷技术已经相当成熟。但是，在寒冷的北方，由于环境温度较低，微生物处于休眠状态，无法正常发酵，导致生物发酵制甲烷技术在北方很难应用。针对这种情况，对黑龙江省大庆市肇州县壮大乡和平村的沼气利用情况做了调查后，又分别对黑龙江省集贤县多个村、黑龙江省伊春市红星区、河北省唐山市小集镇钱庄和渤海县八场八队、河北省邢台市威县第什曹乡胡杨村、内蒙古扎兰屯中和镇福兴村等地区做了深入调查，以进一步了解我国北方寒冷地区沼气应用情况，希望今后应用所学技术打破生物发酵无法在北方推广的技术瓶颈。

专家认为21世纪沼气在农村之所以能够成为主要能源之一，是因为它具有不可比拟的优点，沼气是一种取之不尽，用之不竭的再生能源，就地取材，节省开支。发展沼气是发展农村环保型能源，建设节约型社会的现实选择。通过发展沼气，当地充分利用农民生产生活中产生的秸秆、粪便等废弃物，为农民生活提供了清洁安全高效的能源。沼气可用作生活燃料、照明能源。沼气发酵的残留物可用作饲料肥料，降低农业生产成本，一举多得。发展沼气是一种促进人与自然和谐共处的发展模式，有一定的环境效益。秸秆杂草和人畜粪便得不到及时有效的处理，既影响农民的生活质量，也容易导致疾病疫病的发生。沼气建设可以改变农村环境，小小的沼气池既是燃料库又是卫生池，改变了农村的面貌，可以在短期内降低成本改变传统的生活方式。同时沼气产业打破了生产力发展的旧生产模式，把农民从繁忙的家务中解放出来，节省了大量农村劳动力，促进劳动力结构不断优化，经济效益将成倍增长，为农村经济发展奠定了坚实的基础。

（2）调查概况

调查目的：了解并掌握农村对沼气的利用和使用情况，从而分析新能源沼气在北方农村的使用前景。

调查对象：黑龙江省大庆市肇州县壮大乡和平村、黑龙江省集贤县多个村、黑龙江省伊春市红星区、河北省唐山市小集镇钱庄和渤海县八场八队、河北省邢台市威县第什曹乡胡杨村、内蒙古扎兰屯中和镇福兴村等村的村民。

调查方式：问卷调查为主，网络咨询为辅，调查问卷分为A、B两套问卷，分别对使用沼气的、没使用过沼气的村民进行调查。

调查问卷发出300份，其中A卷100份，B卷200份，调查问卷回收247份，其中A卷62份，B卷185份。调查问卷回收率：82.3%。

2. 调查主要内容

（1）沼气应用情况

在此次调查所选的几处地点，当地人仅有 30% 应用沼气，而有 70% 是不以沼气作为日常生活能源的。

（2）沼气的用途及应用评价

在 30% 应用沼气能源的用户中，沼气主要用来做饭，其次用于照明和取暖，大部分家庭除了日常应用沼气外还要依靠部分其他能源，如电能。

同时，有将近 60% 的用户认为应用沼气为家庭节省了日常开支，而另外 40% 则认为没有节省甚至还要增大开支。这主要与应用沼气的地域有关。首先，有些地区以养殖牲畜为主产业，大量的牲畜粪便可以既廉价又方便地进入沼气池发酵，产气成本较低，能源就相对便宜；而部分地区牲畜养殖业不是很发达，主要以种植或其他产业为主，所以沼气发酵原料就比较缺乏，致使产气成本相对较高。其次，与沼气发酵技术有关。现今的技术可以提高产气率，降低成本。在此次调查的北方地区中，所选调查地点有 77% 的用户在应用沼气的过程中出现了由于冬天气温较低而无法产气的情况，这也使得用户不得不在应用沼气的同时也应用其他能源作为补充；而其余 23% 的用户认为冬季气温较低的情况采用其他燃料加热沼气池而维持产气的方法，无疑提高了产气的成本，其他燃料的燃烧也对环境造成了污染。

也正是由于上述问题的存在，绝大部分用户认为北方的沼气应用技术还有待改进，一则希望冬天可以仍旧使用沼气能源，二则希望应用更先进的技术降低成本。

（3）未应用沼气的农户的情况

除了电能之外，液化气是农户最主要的应用能源，其次是烧秸秆（主要用来煮饭），对于电能和液化气，绝大部分农户都认为收费较贵，为日常生活带来了负担，虽然烧秸秆是没有花费，但其燃烧过程中的烟雾污染很大，现在部分整齐干净的村落已经很难接受这种免费能源，于是将秸秆当作肥料使用。由此可以看出，很多农户都有寻求新能源的需求。

（4）未应用沼气的农户对沼气的了解程度

尽管农村有对新能源的需求，但大部分农民都没有应用沼气，未应用沼气的主要原因有四点：一是缺乏技术指导，不能正确地开发应用沼气；二是缺乏原材料，由于没有大量畜牧业，缺乏生产沼气的原料；三是没有足够的资金建造沼气池；四是对沼气的认识不足，认为沼气不够安全和卫生，不了解沼气的优点。由此可见，农户不应用沼气的主要原因是缺乏资金和技术支持，以及宣传力度不够。

（5）国家对于沼气应用的政策支持

绝大多数民众认为国家对于沼气使用的鼓励政策较轻或是一般，而当地政府更是很少鼓励民众应用沼气，这与北方应用沼气的数量较少有直接关系。不难发现，许多未应用沼气的农户并非是抵触和拒绝使用，只要国家和政府支持力度合理，对应用沼气的农户实行资金和技术支持，并充分宣传沼气能源的优点，很多农户还是想将沼气作为日常能源的。同时，由于地处北方，冬季气温较低，在此时沼气停产的问题怎么解决也是关键所在。于是开发一种先进技术，使北方地区既方便又便宜地解决冬季沼气停用的问题就成为北方普及沼气的焦点问题。

3. 调查结论

（1）目前在北方农村使用沼气的比例还不是很高，在调查的247人中，只有62人使用沼气，这与和平乡20%的比例基本符合。已使用过沼气的用户普遍感觉良好，为家庭节省了开支，提高了生活质量，认为沼气应用值得普及。通过长期的使用，用户认为整个沼气使用设备和系统中需要改进或是改善的就是冬季设备停用的问题。

（2）在调查过程中，我们了解到：对于北方地区冬季寒冷而出现了沼气设备的休眠期，主要使用煤加热来提供制取沼气所需的温度。在当地环境下，沼气设备每年休眠期大概为3个月，而为了在设备休眠期继续产生沼气，每年用于加热的煤约为200吨。因此，这也导致了沼气使用的费用升高，并且依然消耗着一定的不可再生能源。如果其他北方寒冷地区也采取这种方法，也一定会出现产气成本提高和对环境污染的副作用。这也是本次调查发现的焦点问题。

（3）在未使用沼气的居民当中，电和煤这两种传统能源仍是生活的必需能源，但是造成真正能源浪费和环境污染的往往就是这两种能源。然而调查中我们发现部分居民能够清楚地认识到粪便能够作为能源来使用，只是没有条件和设备来进行沼气的生产和使用，这是由于国家对于沼气使用的推广力度和支持力度不够。部分居民根本不知道秸秆和牲畜粪便可以发酵产生沼气，这是由于对沼气使用的宣传力度不够。

（4）部分地区由于以种植为主产业，并没有足够的发酵沼气的原料，对于这样的村落进行沼气的普及目前意义并不大。

4. 对策建议

（1）加快原料多样化的研发和应用。据调查，部分村未使用沼气的主要原因就是原料缺乏和不足。当前沼气池原料主要是家庭牲畜产出的粪便，其他原料由于产气量少不被用户所接受。而以种植业为主的村就没有充足的原料，严重阻碍沼气池发展和应用。因此，国家相关部门必须加快原料替代物的研发和应用，确保原料供应充足，促进沼气应用的可持续发展。

（2）加大对沼气利用的支持力度，尽快完善扶持政策。沼气池建设需要投入大量的人力、物力和财力。因此，在条件具备的前提下，要逐步加大对沼气池建设的补贴力度，要区别不同地区、不同收入群体，制定与之相适应的补贴标准。这也是扶贫攻坚的重要组成部分。

（3）加大各地政府的沼气应用普及力度，将沼气池建设纳入新农村建设规划。重点考虑建池场地的配置和建设资金的安排，沼气池的建设对于改善农村生产生活条件，实现农村人畜粪便的资源利用有着重要的作用，是为民办实事的内容之一。为此，将沼气池建设纳入新农村建设规划，成为沼气应用长期稳定发展的必然要求。

（4）改进设备。对于沼气设备冬天休眠的问题，可以将用煤加热的设备改进为用沼气加热的设备，这样只需要相当少量的煤来启动设备，之后实现设备的自身循环，这样不但可以大大降低沼气制取的成本，还能减少不可再生能源的使用。

（5）在沼气公司中增设农肥制取设备。沼气池可以产生大量沼液，是制取农肥的良好材料。将沼液制成农肥所得，同样可以计入沼气的生产成本中，降低其成本，从而更好地普及沼气的使用。

（6）加强沼气设备的维护和维修。沼气池的维护和使用是一项专业性很强的工作，存在一定的危险性，因此政府加快监督和维护是重中之重，切实做好才能不断提高沼气池的使用效率，做到物有所值，群众才会乐于接受，从而推动沼气池进一步的发展。

第三节　大学生生态文明教育的组织育人平台

一、大学生生态文明教育组织育人平台的构建

大学生社团在高校组织育人的体系中具有不可替代的作用。大学生社团是学生根据兴趣爱好自发组织，为实现社团成员的共同意愿，按照社团章程自主开展活动的群众性学生组织。共青团中央、教育部等中央国家机关非常重视大学生社团的育人功能，多次联合发文强调和指导高校的思想政治理论课和育人工作要重视和发挥大学生社团的积极作用。[1]

2017 年共青团中央、教育部联合印发的《关于加强和改进新形

---

[1]　江海燕. 高校思想政治理论课的育人功能及实现路径［J］. 航海教育研究，2011，28（3）：75-77.

势下高校共青团思想政治工作的意见》指出，加强和改进高校共青团思想政治工作的基本原则之一是坚持围绕高校中心工作，服务育人大局，立足工作基础和实际，发挥高校共青团在第二课堂中的独特作用，形成组织育人、实践育人、文化育人、网络育人、服务育人的工作合力。文件还指出，高校共青团要突出核心任务，"强化实践育人，积极促进大学生素质提升、全面发展"，构建和完善党领导下的"一心双环"团学组织格局。高校团委履行对学生社团的主要管理职能，设立专门机构指导和管理学生社团工作，学生会组织配合团组织加强对学生社团的引导、服务和联系，正确发挥学生社团的应有作用。

大学生社团活动是高校校园文化的重要组成部分，发挥着组织育人、实践育人、文化育人等重要作用。大学生生态文明教育离不开绿色校园文化的营造和熏陶。目前高校中生态环保类社团占有一定比例，在大学生生态文明教育方面起到了意识唤醒、价值引领、行为引导的作用。

二、实践案例：绿色社团营造绿色校园文化

（一）社团实践案例之一：哈尔滨工程大学绿色协会

哈尔滨工程大学绿色协会是大学生于 2000 年 3 月自发形成的非营利性的志愿公益类社团，是一个以宣传环保为主要目的的社团，是传播环保知识，交流环保理念的平台。经过多年的发展壮大，其已经发展成为成员超过百人的公益社团组织。社团有会徽、会旗等一系列代表协会的标志，同时具有完整的部门分工，以保证工作的

有序开展。近年来获得的荣誉有：黑龙江省优秀社团、环保创意大赛凯德广场优秀团体奖、"永远的东北虎"最佳组织奖、2016 免费午餐"活力四射青春"奖、2017 水果贺卡全国联校环保公益项目全国十大优秀奖、历届校优秀社团、校十佳社团等。社团以"提高学生自身素质，增强师生环保意识，丰富校园文化"为宗旨，以"宣传环保知识，提高环保意识，促进环保事业的发展，传播绿色文明"为理念，以"有利于学校精神文明建设，有益于广大同学综合素质的提高"为基本目标，坚持"合法，高雅，有效"的原则开展各项活动。

社团成立以来持续开展世界地球日、地球一小时、环保服装设计大赛、环保嘉年华、环保知识竞赛、绿植领养、绿色出行、绿色小博士、植树等宣传实践活动，在增强学生环保意识、带动学生参与环保方面起到了积极作用。

环保嘉年华是一项将传统体育运动的竞技比赛和能引起人兴趣的自然环保问题融合形成的一项活动。它是介于体育运动及趣味游戏之间的一项趣味、竞技相结合的运动，把趣味运动和同学们某方面的学习的需求进行融合错位策划，使它同时融合了体育、文化、趣味、智力等元素，增强了观赏性。开展环保嘉年华活动能够让更多的人了解环保并改善自身行为，让当代大学生通过对身边的环保小事的感知，通过环保游戏体验环保理念，通过游戏来体验环保的现实意义。

社团开展"绿色小博士"主题的环境教育活动，让小学生从发生在身边的环保事件思考，并动手实践如何保护环境，还地球一片绿色；引导小学生能够像一名小博士一样，养成自主发现问题、独立思考问题、解决问题的处事方式，能够主动发现身边的环境问题，思考问题的由来，进而主动关注身边的环保事件；在提升志愿者个人能力、培养公益人才的同时，致力于培养小学生的环境意识、环保行为习惯，推动环保事业发展，为全民建设"绿色地球"做出更大的努力。

（二）社团实践案例之二：东北林业大学绿色使者志愿者协会

东北林业大学绿色使者志愿者协会成立于 1996 年 4 月，是黑龙江省成立最早的高校环保社团。协会 20 多年以来一直致力于环保事业，积极开展各项环保活动，从清除白色垃圾，校园、社区植树，到组织暑期社会实践，不断到各个地区走访调查。协会以绿色营为特色，以户外活动和环保教育为主打项目，在积极开展日常环保活动的同时，不断探索新的有意义的活动。协会主要开展了绿色营、水果贺卡、地球一小时、挂树牌、绿色离校、国际粮食日海报设计大赛、真我无表演海报巡展、漂流瓶、环保教育等活动，活动参与人次累计超过 1 万，宣传受众人次则更多。协会的环教小组达 30 余人，为了扩大宣传效果，每一次开展环教活动之前，还会在校园内召集志愿者，扩大活动参与面。

协会环教小组自主编写教材，每学期以一个主题向周围小学开展环境教育活动。2014 年协会以"多彩环教"的主题在哈尔滨市延兴小学 10 余个班级开展了环保宣讲活动。该活动每月一次，每次的教案、活动、PPT 都是由协会成员自行设计，并以不同的代表颜色向小学生讲解环保知识。主题有"绿色——神秘的植物王国""黑色——土壤世界""蓝色——辽阔的海洋""黄色——美丽的沙漠"等，环教活动过程不仅注重环保知识传授，还注重小学生的动手能力和环保体验，让他们在活动中充分感受到环保的乐趣。参与过活动的 300 余名小学生都对此环教活动感到很满意，在讲完最后一节课后，有的小学生明确表示希望再次开展活动。

"小小节水宣讲员"项目旨在通过大学生志愿者培养小学生成为小小节水宣讲员，从而影响周边的民众，以一传十，带动更多人合理科学用水。为了让更多人关注饮用水的安全，大学生志愿者进入小学，根据统一提供的教材、课件 PPT 开展饮用水安全知识培训课程，培养小学生饮水安全意识及节水、护水、爱水的环保意识，同时提高大学生志愿者的实践能力，促进团队的建设。2014 年以来，协会环教小组已在哈尔滨市王兆新村小学、师范附属小学、锅炉小学、延兴小学、和兴小学校、文昌小学校、和平小学校、桥南小学校共 8 所小学开展此项目，共计 81 个班级，6020 人次参与。

"必胜客绿色小超人"是由中华环保基金会和百胜餐饮集团必胜客品牌联合在全国 17 个城市发起的公益项目，协会参与到这个项目当中，依照《必胜客绿色小超人成长记》游戏课的内容，向小学生传播环保知识，培养他们从小养成良好的低碳生活习惯。2014 年在哈尔滨市锅炉小学、延兴小学开展项目活动，共计 25 个班级，1052 人次参与本次活动。

绿色使者志愿者协会，20 多年如一日地为环保奉献自己的力量，并且将以其特有的形式，一如既往地把其所秉承的环保信仰一届又一届地传承下去。

第四节　大学生生态文明教育的课程育人平台

一、大学生生态文明教育课程育人平台的构建

环境与发展问题是 21 世纪人类所面临的重要问题。高等学校是培养将来从事社会各行各业高级人才的摇篮，也是生态文明建设和低碳经济的思想库、助推器，应成为国家加强和提高国民环境素质和环保技能的重要基地。高校实施生态文明教育，开设生态文明教育课程，在专业课教学中渗透生态文明教育内容，组织学生参与社会实践活动，可以促进教育观念更新，推动高校教学内容和课程体系的改革。

我国高校生态文明教育起步于 1973 年 8 月第一次全国环境保护会议后，北京大学等少数几所高等院校开设了环境保护专业。1997年我国"面向 21 世纪高等学校生态文明教育研讨会"的会议纪要认为，高校应当重视培养学生的环境意识和可持续发展观念，把生态教育作为大学生素质教育的重要组成部分。据统计，目前我国高校中仅有 10% 左右的院校在非环境专业中开设了环境科学方面的课程，而每年招收的非环境类学生占普通高校总招生人数的 99% 以上。所以，高校中的生态文明教育普及远没有达到生态文明建设的要求。

生态文明教育的真正目的在于使受教育者形成敏锐的生态文明意识、掌握丰富的生态文明知识、养成正确的生态文明态度、获得一定的生态文明技能，促进生态文明综合素质的全面、和谐发展。

目前，我国高校的生态文明教育目标不够明确，生态文明教育还局限于强调环境知识、环保技能的传授以及环境保护专业人才的培养，而忽视对大学生的生态文明意识、环保态度的培养，导致学生因缺乏对生存环境的关注、关爱意识而不能自觉地把所掌握的生态文明知识、技能转化为具体的环保行动，造成学生理论知识相对丰富但实践缺乏的尴尬局面。

通过第一课堂开展生态文明教育主要有思政课、专业课、通识课三个类别的平台。思政课为公共课必修课，是大学生思想政治教育的主渠道，在高校人才培养体系中具有重要作用。其中马克思主义原理、习近平新时代中国特色社会主义思想等内容是生态文明理论最直接的传授。在校大学生中绝大部分都不是学习环境类专业的，通过专业课开展生态文明教育主要是采取渗透的方式。现在高校普遍开展的"课程思政"工作就是很好的平台，因为生态文明教育本质上是价值观的教育，是一种品德教育，属于"大思政"教育的范畴。通识课的教育则可以直接开设关于环境及资源利用相关内容的课程，更加贴近实际地讲授生态文明教育的相关内容。通识课的优势是内容不拘一格，授课方式相对易于创新，理论联系实际的授课更容易达到教学目标。

二、实践案例："中国传统文化与生态文明"课程

（一）课程简介

由东北林业大学刘经纬教授讲授的"中国传统文化与生态文明"，主要介绍了生态文明建设是人类文明发展和社会进步的必然要求，生态文明强调人与自然、人与人、人与社会和谐共生。源远流

长的中国传统文化博大精深，其中蕴含着丰富的生态智慧。课程从天人合一、生态伦理、生态美学、生态发展、生态消费等方面多视角、全方位地凝练中国传统文化中的生态思想，展现中国传统文化尊重自然、顺应自然、保护自然的生态文明理念和"中式生活方式"的魅力和人生态度，并以古通今，结合现实的生产生活，为现代人提供深刻的反思和借鉴。

课程在东北林业大学网络教学平台、超星学银在线、智慧树在线教育进行课程推送，收到了良好的教学效果。该课程 2016 年被评为东北林业大学校级精品课，2018 年被评为黑龙江省级精品课。课程的开设具有重要的理论与实践价值，对于优秀传统文化的继承和大学生生态文明素质的提高具有积极推动作用。

中共中央办公厅、国务院办公厅印发的《关于实施中华优秀传统文化传承发展工程的意见》指出："中华优秀传统文化，积淀着中华民族最深沉的精神追求，代表着中华民族独特的精神标识，是中华民族生生不息、发展壮大的丰厚滋养，是中国特色社会主义植根的文化沃土，是当代中国发展的突出优势，对延续和发展中华文明、促进人类文明进步，发挥着重要作用。"课程以中国传统文化生态文明思想为切入点，对中国传统文化中的天人合一、文以载道的哲学思想，形神兼备、情景交融的审美追求，俭约自守、和合自然的生活理念等系统地进行了讲授，内容丰富而深刻。课程对于青年学生继承和弘扬中国优秀传统文化具有重要的推动作用。

自然环境是人类存在和延续的物质基础。20 世纪下半叶以来，随着各种全球性生态环境问题的加剧以及"能源危机"的冲击，在世界范围内开始了关于生态环境保护的讨论，各种环保运动逐渐兴起。2007 年党的十七大报告提出建设生态文明的历史任务，2012 年党的十八大把建设生态文明纳入"五位一体"总体布局，2017 年党的十九大再次浓墨重笔推动生态文明建设。要想大学生肩负起生态文明建设的历史重担，就必须对大学生提出更高的生态文明素质要求，对大学生进行生态文明理论、实践能力的教育培养。中国传统文化中的生态文明思想源于对宇宙的探索，对自然的理解和感悟，极其深刻，在今天依然闪烁着智慧的光芒。在推进生态文明建设的历史进程中，聚焦传统文化，从博大精深的中华传统文化中汲取智慧，关乎世界发展，符合时代要求，符合青年学生成长的需要，课程开设具有重要的现实意义。

（二）课程内容

第一章，"天人合一"——中国传统文化中的生态文明思想。通过对中国传统文化中生态文明思想的学习，让学生了解中国传统文化中蕴含的丰富生态文明思想，并对天人合一生态文明思想的内涵、维度和特征有所认识，从而更深刻地理解中国传统文化的博大精深，思考天人合一生态文明思想的深刻启示。中国传统文化中生态文明思想的维度分别为天人合一的自然观、道德观、境界观。生态文明思想的四个特征是敬畏生命、崇尚和谐、追求超越、重在躬行。

第二章，"厚德载物"——中国传统文化中的生态伦理思想。通过对中国传统文化中蕴含着的深厚的生态伦理思想进行梳理，让学生了解中国传统文化中的生态伦理的内涵、特征和维度，使学生能够在了解我国传统文化中生态伦理的基础上，为日常生活中的道德实践提供指导作用。中国传统文化中生态伦理思想的三个维度分别为"中庸和顺"的道德追求，"仁爱贵生"的道德规范，"反身而成"的道德标准。对现代的启示是形成"生命共同体"的现代生态伦理观，对应现代生态伦理学思想超越人类中心主义，把道德关怀扩展到人以外的生命。

第三章，"丽天垂象"——中国传统文化中的生态美学。通过对中国传统文化中蕴含着的深厚的美学思想进行梳理，让学生了解中国传统文化中的生态美学的内涵、特征和维度，使这种人与自然和谐相处的美学形态，为现代人的生活和审美都提供了重要而有益的借鉴。中国传统文化中生态美学的四个维度分别为自然美、中和美、生活美、人格美。并且从家园意识、生活艺术两方面对现代生活具有一定的启示作用。

第四章，"道法自然"——中国传统文化中的生态发展思想。通过对中国传统文化中道法自然所蕴含的丰富生态发展思想进行系统考察，帮助学生掌握道法自然生态发展思想的内涵和维度，充分认识并实践人与自然和谐发展的重要价值。道法自然生态发展思想的内涵可以从尊重自然、顺应自然、保护自然三个维度进行理解。

第五章，"去奢尚简"——中国传统文化中的生态消费思想。通过对中国传统消费思想的形成和发展的分析，讲授传统消费文化的含义、主要特征、生态意蕴，使学生了解中国传统消费文化中具有的生态消费思想，认识保持中国传统消费文化的重要意义，实现生态消费。去奢尚俭的传统消费文化主要分为三个方面：节用节葬、俭以养德、返璞归真。传统消费文化的生态意蕴则包含消费主义的滥觞、追求适度消费、追求精神消费、追求生态消费四个方面。

（三）课程效果

课程创新性地采用"移动慕课"建设，解决了移动环境下"学生随时随地学习"和"老师随时随地引导学生学习"的瓶颈技术，从传统课堂"灌输式教学"中解放出来，使学生能够主动参加学习在线课程。同时，教师共建共享混合教学慕课，整合优势教师资源，教师团队按照各自特长进行分工，共同建设课程，上传视频、上传文字和图片并及时解决学生的疑难困惑。运用"综合成绩自动形成系统"，该系统包含"视频学习"＋"单元测试"＋"期末考试"＝"综合成绩自动形成系统"，更加注重学习过程和考试相结合。使用"试卷分析报告"智能撰写系统，通过系统自动生成"各类成绩""总成绩""历届学生成绩比较"等"考试分析报告"，可以实现"无纸化"。

1. 访问数量

近 3 年，"中国传统文化与生态文明"这门课程，累计访问量达到 500 多万次，发帖总数为 7522 个，教师发帖数为 164 个，参与互动人数为 1939 人，授课视频总数量为 58 个，总时长为 531 分钟，测验和作业的习题总数为 174 个，考试题库总数为 200 个，非视频资源总数为 178 个，课程公告总数为 82 个。

2. 应用效果

"移动慕课"的建设，使学生可以随时随地学习，老师能够及时解决学生学习的困惑，使本门课程的学习效果能够达到较好的状态。

3. 在该校的应用情况

对该校学生进行授课时，采用的是线上线下结合，实体课堂与共建共享慕课结合，资源丰富且方便学习，学习效率大幅提高。

4. 其他应用情况

课程的应用从东北林业大学到其他学校，从本科到高职高专，从高校学生到社会学习者，覆盖面较广。学习本课程的学校总数达到了190所，选课总人数达到了8468人。使用课程的学校情况：东北林业大学、东北石油大学、哈尔滨医科大学大庆校区、齐齐哈尔大学、黑龙江八一农垦大学、黑龙江工商学院、黑龙江外国语学院、大庆师范学院、绥化学院、哈尔滨幼儿师范高等专科学校、黑龙江农业经济职业学院、吉林农业大学、河海大学、内蒙古师范大学、亳州学院、贵阳职业技术学院、江苏财经职业技术学院、福州理工学院、南阳理工学院、河南工业和信息化职业学院、湖北文理学院、四川信息职业技术学院、江西服装学院等。

第五节　大学生生态文明教育的管理育人平台

一、大学生生态文明教育管理育人平台的构建

推进大学生生态文明教育的管理机制创新，是推进大学生生态文明教育的必然要求。① 首先就要构建健全的管理育人平台。高校学生公寓是学生学习和生活的重要场所，是校园文化建设的重要阵

---

① 王康，何京玲. 推进高校生态文明教育的机制创新［J］. 环境教育，2017（9）：64－66.

地，是大学生生态文明教育的实践基地之一。在全国高校深入学习贯彻习近平新时代中国特色社会主义思想和党的十九大精神、全面贯彻落实全国高校思想政治工作会议精神的背景下，如何规范和科学地对公寓实施管理、优化配置学生公寓资源、增强学生公寓育人功能，把公寓建设成为内涵丰富的育人场所，是新形势下高校学生公寓管理的重要任务。[①] 面对新问题、新挑战，高校学生公寓管理和服务工作要始终坚持"以学生为本"的理念，以创建"整洁、舒适、安全、和谐、文明"的公寓环境为目标，在软硬件管理、文化育人、实践育人、智慧公寓建设等方面创新方法，不断增强管理服务的实效性，打造管理育人平台。[②]

目前，大学生寝室内环境普遍不能让人满意，寝室脏乱差的情况比比皆是，严重影响大学生的身心健康，对大学生成长成才是极其不利的。寝室垃圾遍地，卫生状况堪忧，学生"宅寝"不外出上课、不外出运动、不外出就餐的习惯亟待改善，沉迷网络导致学习陷入窘境不能自拔，这些现象均需要教育工作者设法改变。单纯以寝室卫生、文明礼仪为目的的教育活动收效甚微。我们不妨选取新的视角看待这个问题，从寝室文化建设方面入手，例如开展打造绿色寝室、生态寝室、特色寝室等活动，从寝室环境、生活习惯、学习习惯等方面综合考量开展更具内涵的寝室管理工作，把生态文明理念融入寝室建设中，教育引导学生以绿色、健康、文明、积极的

---

① 吴秀芳. 加强高校学生公寓管理工作的若干思考［J］. 闽西职业技术学院学报，2007（1）：81－84.
② 李伟. 高校学生公寓管理服务育人功能的实证研究［J］. 高校后勤研究，2018（12）：16－19.

心态投入到学习生活中去。一屋一世界，一屋不扫何以扫天下！学生公寓管理是管理育人的重要内容，是开展大学生思想政治教育的重要平台，开展大学生生态文明教育不能忽略公寓这一重要阵地。

二、实践案例：公寓文化建设

（一）公寓管理制度

哈尔滨工程大学在公寓管理规章制度中突出强调公寓文化建设。学生公寓管理工作围绕落实立德树人根本任务，坚持践行"以学生发展为中心"的育人理念，以创造"安全、整洁、文明、和谐"的公寓育人环境和文化为工作目标，积极开创公寓育人阵地新局面，努力构建全员全过程全方位的育人新格局。

学校设立学生公寓管理委员会，统筹协调、指导学生公寓教育、管理、服务和文化建设工作。学生公寓管理委员会主任由分管校领导担任。成员由学生工作部（处）、后勤集团、本科生院、研究生院、校团委、国有资产管理处、财务处、安全保卫处、后勤基建处、信息化处、校医院和各院系等学校相关部门负责人和学生代表组成。委员会实行联席制度，根据具体事宜由学生工作部（处）或后勤集团组织召开。学生工作部（处）负责督导、指导各院系做好公寓文化氛围营造、公寓学风建设、学生文明礼仪、生活习惯养成、日常行为教育与管理、寝室安全卫生监督以及违规违纪学生处理等工作。后勤集团负责牵头落实公寓物业服务、住宿资源调配、公共卫生安全管理、日常消防安全知识宣传培训、公用设施设备维护、寝室营具管理及文明公寓建设等相关工作。为住宿学生提供保洁工具，每

194

年组织学生参加劳动技能培训。

学校以公寓文化建设为依托加强学生思想道德建设，将优化寝室卫生环境、举止文明礼貌作为工作重点，充分呈现具有学校特色的公寓文化，为学生成长成才提供良好环境。公寓文化建设工作按照"院系—班级—寝室—学生"四个层级建立管理体系。

在公寓文化建设方面，各院系将学生公寓文化建设作为专项任务，并指定辅导员专门负责。各院系书记和院长负重要领导责任，主管学生工作副书记负主要领导责任，辅导员负直接责任。将工作重点放在加强学生文明礼仪、寝室安全卫生和安全教育管理方面。各院系组织学生每周进行一次集中扫除，辅导员每日走访学生寝室，每周至少七次，利用早操、上课前的时间深入寝室，督促学生遵守作息制度，按时上课，养成良好生活、学习习惯；利用其他时间深入寝室，与学生谈心谈话，及时解决学生思想、心理、生活、就业等实际问题；以深入寝室为契机，加强学生日常管理，切实把思想政治工作做到学生的心坎上。定期收集学生对于公寓管理、服务和文化建设工作的意见和建议，并报有关部门协同解决。各班级在公寓文化建设方面的主要责任人为各班班长，负责开展本班文化氛围营造、学风建设、文明礼仪、生活习惯养成、寝室安全卫生管理、组织同学制定《班级文明公约》、组织班级同学参加公寓文化建设活动等工作。建立健全寝室长制度，选拔学生骨干担任寝室长。寝室在公寓文化建设方面的主要责任人为寝室长，负责与寝室成员共同做好寝室内学风、卫生、安全、文化建设等事务。寝室成员积极发挥"自我教育、自我管理、自我服务、自我监督"的作用。

195

学校所有相关教职员工努力将家文化充分融入公寓文化建设中，提高学生归属感、认同感和集体荣誉感。学校各公寓工作人员在承担公寓物业管理服务职责外，配合各院系共同开展各项工作。

学生公寓文化建设标准分为寝室环境、文明礼仪、遵章守纪三个层面，共分优秀、良好、中等、及格、不及格五个等级。由学生工作部（处）、后勤集团制定寝室环境检查标准，各院系参考执行。在各类公寓文化检查中，如发现寝室成员践行文明礼仪差或存在违规违纪行为，评价为不及格。

（二）寝室美化大赛

"寝室美化大赛"是哈尔滨工程大学特色公寓文化创建活动，每年举办一届，已举办20余届。大赛旨在展现高校学子高雅的审美情趣和浓厚的文化底蕴，同时培养学生团结互助、齐心协力、拼搏进取的团队精神，促进良好生活习惯的养成和创新能力的挖掘，以此打造文明、和谐的寝室文化，推进文明寝室、文明公寓的建设。大赛每年设定一个主题，近年来以"闪耀主题小屋，秀出寝室文化""绿色环保、注重内涵、建立家的温暖、打造和谐氛围"等为主题开展，每年参赛约500个寝室3000名大学生。赛事共设置报名、咨询会、初赛、复赛、寝室文化展和颁奖典礼6个环节。在复赛环节，开设了网上投票和现场投票两种形式，由大众投票选出最受喜爱的寝室。经过层层选拔，最终评出各类奖项。每个寝室针对各自主题精心准备，用心装饰。由校学生会和各院系学生会共同组成的评审组对每一个参赛寝室进行多轮细致的评判。

后 记

2019 年，编者主持完成了全国学校共青团研究课题重点课题——《共青团视角下大学生生态文明教育的途径研究》（课题编号：2018ZD041）。编者通过课题研究积累了一些资料和素材，研究的同时对课题价值的认识愈加深刻，为使研究进一步深入下去，便决定编写本书。

本书编委会成员均为高校思政教师，因此本书主要从大学生思想政治教育的视角看待生态文明教育。我们认为，如同法制教育、心理健康教育、职业教育、创新创业教育一样，生态文明教育应是对大学生普遍开展的，生态文明教育是大学生思想政治教育的重要组成部分，而目前高校开展的相关教育是不充分的。作为高校教师，我们有责任为此做些什么。

大学生生态文明教育是一项系统工程，需要多学科的支撑、多部门的支持。本书的五位编者其中两位来自思想政治教育专业，一位来自生态学专业，一位来自管理学专业，一位来自工学专业。

上述专业都与生态文明教育相关，多学科的视角更有利于碰撞出创新的火花。经过一年的努力，本书编写完成，但由于编者能力水平有限，书中难免存在缺点与不足，希望读者予以包涵并批评指正。